DE L'INFLUENCE

DU PROGRÈS DES SCIENCES

SUR LA THÉRAPEUTIQUE

DE L'INFLUENCE

DU

PROGRÈS DES SCIENCES

SUR

LA THÉRAPEUTIQUE

ÉTUDE

DES CONNAISSANCES CHIMIQUES ET PHARMACOLOGIQUES

Nécessaires au Traitement des Maladies

PAR

Le Dr E. DERLON,

Ancien Interne en médecine et en chirurgie des hôpitaux de Paris,
Mention et récompense du Ministère de l'Instruction publique (Choléra 1865)
Médaille de l'Assistance publique (1866).
Médaille du Gouvernement (Choléra 1866).

PARIS

ADRIEN DELAHAYE, LIBRAIRE-ÉDITEUR

PLACE DE L'ÉCOLE-DE-MÉDECINE

1872

DE L'INFLUENCE

DU PROGRÈS DES SCIENCES

SUR LA THÉRAPEUTIQUE

CHAPITRE Ier.

HISTORIQUE ET NOTIONS PRÉLIMINAIRES.

La thérapeutique a subi l'influence des diverses doctrines médicales, et il n'entre pas dans mon programme de montrer comment l'animisme, le vitalisme, l'organicisme, l'humorisme ont dû faire passer la thérapeutique par des phases diverses en rapport avec les idées que la médecine se faisait de la vie ou de la maladie. Les uns ont exagéré l'importance des propriétés organiques ou vitales des corps organisés ; les autres n'ont vu, pour ainsi dire, dans la vie que l'accomplissement d'une série de phénomènes physiques ou chimiques.

Nos pères, dans l'art de guérir, avaient cru que la maladie constituait une manière d'être spéciale, dans laquelle il n'était plus possible d'appliquer les notions scientifiques que la physiologie normale nous donne. Mais les progrès de l'esprit humain ont fait justice de toutes ces théories, et les découvertes qui ont enrichi successivement la physiologie, la chimie, la physique, ont donné à la thérapeutique une direction nouvelle.

La thérapeutique doit donc prendre à toutes les sciences ce qui peut lui être utile pour atteindre son but.

Elle doit être la résultante des notions aussi exactes que possible que nous donnent les sciences sur la maladie ; elle s'aidera aussi bien de la physiologie, de la chimie, de la physique que de l'anatomie et même de l'étude des mœurs et des habitudes de l'individu malade. Tout doit entrer en compte, il ne faut rien négliger de ce qui peut nous éclairer sur la nature de la maladie et l'état du malade. Mais le chapitre des causes me paraît surtout devoir être étudié avec un soin tout particulier ; et j'entends parler ici non-seulement des causes banales qui font éclater une maladie souvent préparée depuis longtemps par un état physiologique antérieur, mais aussi des causes réelles auxquelles la physiologie normale ou pathologique peut seule nous faire remonter.

Il ne faut pas non plus négliger l'étude des symptômes ; on cherchera à savoir quelle est la valeur de chacun d'eux, à quelle cause physiologique il doit être rapporté. Mais si la thérapeutique nécessite cette étude approfondie des détails, il ne faut pas qu'elle perde de vue un autre élément ; le médecin n'a pas à soigner qu'une maladie, il a avant tout à traiter un malade.

C'est surtout dans le traitement des maladies nerveuses que l'influence morale des médecins se fait sentir, et nous n'avons pas besoin de rappeler ici les cures merveilleuses obtenues de cette façon. Notre regretté maître, M. Nat. Guillot se plaisait à citer l'exemple d'un succès étonnant obtenu par ce procédé. Je suis convaincu que bon nombre de maladies nerveuses sont guéries par des charlatans, en raison de la même influence. La confiance aveugle que des malades peuvent avoir en un médecin, qu'il soit un homme honorable, un charlatan ou un rebouteur, suffit à expliquer certains succès imprévus. C'est dans ces maladies que le changement de localité, d'air et d'habitudes, peut amener des guérisons vraiment miraculeuses, à tel point qu'il est parfois difficile de spécifier quelle a été la part de la confiance, de l'influence morale, et du changement d'atmosphère ou d'habitudes. La distraction, le changement de nourriture, la nature des eaux potables peuvent encore dans les voyages avoir une action utile, plus favorable souvent que celle des médicaments. J'ai dit que les charlatans bénéficient souvent de diverses circonstances qui leur viennent en aide ; j'y ajouterai une cause de succès que j'ai constatée déjà plusieurs fois et que des médecins de bonne foi et instruits peuvent utiliser. Souvent le malade a une telle confiance dans un nouveau médecin que ce fait seul produit sur sa maladie une influence favorable. Mais quelquefois aussi, la cessation de tout traitement est plutôt utile que nuisible. J'ai vu des médecins réussir ainsi à guérir des blennorrhagies qui, traitées énergiquement par les injections caustiques, avaient persisté et avaient même été exaspérées. Les malades ont pu guérir par la cessation de tout traitement énergique ou par l'emploi de quelque tisane diurétique insignifiante. Décorez cette tisane d'un nom mystérieux, et vous avez un des procédés usités par le charlatanisme. Je ne nie pas qu'il soit nécessaire souvent que des médecins très-honorables emploient des subterfuges pour tromper le malade qui ne serait pas guéri sans l'emploi de petits procédés destinés à frapper l'intelligence du malade. Pour le malade, c'est souvent le dernier moyen employé qui le guérit, et changez la forme du médicament sans changer sa nature, vous pourrez produire un effet favorable. Si vous suspendez son emploi pendant quelques jours, alors que vous le jugez utile, tout en donnant une substance insignifiante, ce sera ce dernier moyen qui aura guéri, pourvu que l'amélioration vienne à se produire dans le même moment. Il n'est pas jusqu'à l axonge ou au cold-cream, qu'emploie le rebouteur, pour empêcher les frottements de la main d'être trop pénibles au malade, qui ne soit la cause de la guérison. Que de fois j'ai vu un médecin acquérir une grande réputation aux dépens de son confrère, alors que les mêmes médicaments avaient été employés, ou bien lorsque la période de déclin de la maladie expliquait seule le succès du second traitement. On comprend donc facilement qu'à côté du médecin honorable qui sait faire de l'expectation quand il la juge utile, ou qui trompe son malade sur la nature du médicament employé, parce que cela est nécessaire à l'influence qu'il doit avoir sur son client, il y a place pour le charlatanisme.

Je n'ai pas besoin d'entrer dans de plus grands détails à ce sujet; les cas particuliers permettent à chacun de sentir où commence et où finit le charlatanisme ; la conscience suffit pour juger la ligne de démarcation qui sépare la mauvaise foi de cette tromperie qn'on impose au malade parce qu'on la sait utile. Je devais seulement parler du traitement intellectuel ou moral et de ses abus, parce que ce sont de grandes causes de succès dans le traitement des maladies, et que leur importance est souvent immense dans la pratique.

Le médecin qui voudrait persuader à un hypochondriaque qu'il n'est pas malade ne le guérirait jamais et perdrait sa confiance.

J'ai déjà vu quelques malades imaginaires, et il est incontestable que beaucoup d'entre eux souffrent réellement. Mais, si ces malades sont les plus insupportables de tous, ils sont souvent aussi très-intéressants à étudier, et c'est sur eux que le charlatanisme pourra sévir avec toutes ses rigueurs.

Le médecin peut se rappeler qu'il doit vivre de ses visites ; mais le charlatanisme, si facile dans le traitement de ces maladies, flétrit la plus belle et la plus noble des professions. C'est ainsi qu'avec cette tendance généralisatrice qu'ont la plupart des esprits dans le monde, l'application de ce proverbe : *Ab uno disce omnes*, conduit certaines personnes intelligentes à jeter sur la médecine un grand discrédit.

Mais qu'on me pardonne cette digression inspirée par des faits malheureux dont j'ai été trop souvent témoin et revenons à l'examen des bases sur lesquelles repose la thérapeutique.

J'ai déjà dit quelle influence les diverses doctrines médicales avaient eue sur cette science ; l'histoire de ces doctrines est l'histoier des méthodes thérapeutiques. L'étude de ces divers âges de la science a été faite mieux que je ne pourrais le faire. Que pouvait être l'art de guérir avec le méthodisme de Thémison ; le laxum et le strictum ne conduisaient à aucun traitement sérieux. Thémison avait si bien compris l'insuffisance de sa doctrine qu'il créa le genre mixte ou composé, aveu de son impuissance à expliquer les maladies par le resserrement ou le relàchement des parties.

Les dogmatiques creusaient inutilement leur cerveau, en faisant des raisonnements plus ou moins faux pour expliquer la nature des maladies, mais au moins recommandaient-ils l'étude de l'anatomie. Il est évident que la thérapeutique nécessite la connaissance de l'essence de la maladie et des lésions qui l'accompagnent, mais cette notion est insuffisante, et ce n'est pas par des raisonnements plus ou moins creux qu'on peut arriver à des données certaines. Les empiriques s'étaient placés à un autre point de vue ; ils insistaient sur l'expérience et s'en tenaient aux faits observés. Mais ces faits ne doivent-ils pas être interprétés avec l'aide des indications de l'anatomie et de la physiologie ? Or c'est ce dernier côté de la question qu'ils refusaient d'étudier. Galien expliquait tout en médecine comme en physique par les quatre éléments : l'eau, l'air, la terre et le feu, et par les quatre qualités : le chaud, le froid, l'humide et le sec. Mais il admettait, pour rendre compte de la vie, un esprit vital. Cette idée des quatre éléments, je la retrouve dans Empédocle et aussi dans Aristote (lib. ii, caput VI) avec une figure représentant le carré symbolique, contenant : *ignis, aer, terra, lympha* à l'intérieur, et *album, nigrum, siccum, humidum* à l'extérieur. Plus loin, Aristote donne le chaud, le froid, l'humide et le sec comme des modalités du feu, de la terre, de l'eau, de l'air. Je crois donc que Galien n'a fait qu'emprunter ces idées à Aristote duquel il s'inspira souvent ; du reste, cette division en quatre manières d'être se retrouve plusieurs fois dans Aristote. Ainsi, au chapitre XIV du livre i, on trouve le même carré symbolique pour représenter les quatre termes : *semperens, semper non ens, non semper ens, non semper non ens ;* et plus loin, les *reciproqua,* les *contradictoria* et le *genitum,* l'*ingenitum,* le *corruptibile,* l'*incorruptibile.* C'est donc une forme du raisonnement renouvelée d'Aristote plutôt qu'une doctrine nouvelle. Au livre ii, chapitres 3 et 6, *De generatione,* Aristote figure encore les quatre éléments que devait reprendre Galien longtemps après ; ce dernier a donc appliqué à la médecine les idées d'Aristote. On doit préférer de beaucoup à cette philosophie purement dogmatique et spéculative les préceptes de son prédécesseur Hippocrate, qui voulait que le médecin suivît et imitât la marche de la nature, et qui reconnut le premier l'importance de la diététique. Hippocrate avait voulu faire de la médecine une science d'observation ; et quoiqu'il ait vécu bien des siècles plus tard, Galien, malgré son admiration pour le vieillard de Cos, s'est peut-être moins que lui garanti de l'esprit d'hypothèse si nuisible au véritable progrès des sciences.

Je ne m'arrêterai pas trop longtemps à la revue des différentes doctrines qui ont régné dans la médecine jusqu'à nos
jours.

On comprend combien la thérapeutique devait être nulle
pour un médecin comme Stahl, qui repoussait toutes les lumières de la physique, de la chimie, de l'anatomie, etc. Ce que
je dis de l'animisme de Stahl est vrai du vitalisme de Van
Helmont, pour lequel le principe vital, l'archée, présidait
aux grandes fonctions et combattait les maladies. Ces deux
doctrines sont liées aux idées métaphysiques qui ont longtemps prévalu, et s'expliquent par la répugnance qu'avaient
les esprits à admettre que les phénomènes vitaux pussent se
résoudre en phénomènes ou physiques ou chimiques. Ces deux
systèmes ont ce défaut commun qu'ils séparent la matière or-
ganisée de ses propriétés

Je n'insisterai pas sur les autres doctrines médicales ; celles
de Brown et de Rasori ont une certaine analogie entre elles.

Pour Brown, les maladies proviennent soit du défaut d'incitation (maladies asthéniques), soit de l'excès d'incitation
(maladies sthéniques). Dès lors, toutes les maladies ne diffé-
raient que par le degré d'incitation ; le traitement consistait
donc à augmenter ou à diminuer l'action des puissances inci-
tantes. Pour Brown, les maladies par défaut d'incitation,
étant de beaucoup les plus fréquentes, les excitants et les toniques faisaient la base de sa thérapeutique. Pour Rasori, il
existait deux forces dont l'équilibre constituait l'état de santé ;
il leur donnait le nom de *stimulus* et de *contro-stimulus* ; de là
l'emploi des médicaments stimulants et contro-stimulants, les
premiers destinés à combattre l'excès du *contro-stimulus*, les
seconds ayant pour but de détruire la prédominance du *stimulus*.

A mesure que telle ou telle branche des sciences progressait
ou prenait une importance prédominante, on vit naturellement la médecine suivre l'impulsion qui lui était donnée dans
cette direction. C'est ainsi que l'étude de l'anatomie pathologique, faite superficiellement, conduisit à chercher dans la
lésion matérielle des organes la cause de la maladie. On ne
se préoccupait ni des altérations de quantité ou de nature des
principes immédiats, ni des éléments anatomiques qui peuvent

être seuls lésés, alors que les organes ne présentent rien d'appréciable avec les moyens peu perfectionnés d'investigation qu'on possédait autrefois. Telle a été l'erreur de l'organicisme. Aujourd'hui le microscope est venu démontrer quelle différence existe entre l'anatomie grossière des organes et un examen plus approfondi. Mais le microscope aurait pu faire entrer la science dans une fausse voie, en découvrant cette prétendue cellule caractéristique du cancer, si l'étude attentive de la sémiotique n'eût démontré que des tumeurs qui ne présentaient pas la fameuse cellule n'étaient pas moins de véritables cancers. Mon bien regretté maître Velpeau souriait lorsqu'on lui annonçait que, dans une tumeur maligne, avec tendance à la repullulation et état cachectique du malade, il avait été impossible de découvrir la cellule cancéreuse au microscope.

C'est qu'ici, en effet, la marche de la maladie et les symptômes qu'elle présentait primaient dans son esprit l'étude histologique de la tumeur. Le microscope lui-même devait donner la solution de cette question et expliquer cette dissidence plus apparente que réelle entre la sémiotique et l'anatomie pathologique.

Ces difficultés momentanées ne firent que rehausser l'étude du microscope et montrer que la cellule dite cancéreuse peut se retrouver dans l'anatomie normale de certaines régions, de même que des tumeurs cancéreuses au premier chef, c'est-à-dire se généralisant, amenant la cachexie spéciale et repullulant, peuvent ne pas présenter cette cellule.

Restait au microscope à étudier la nature histologique des différentes tumeurs et à demander à la sémiotique quelle gravité de pronostic on devait attribuer à la présence de tel ou tel élément anatomique dans telle ou telle partie du corps.

Rien ne montre mieux que ces exemples comment la médecine doit résumer toutes les sciences sans s'appuyer spécialement sur l'une d'elles.

Chaque branche de la science a donné lieu à ses abus en créant un système médical, une doctrine erronée où la thérapeutique puisait des moyens d'action différents et souvent même inverses de ceux employés précédemment.

C'est ainsi que l'art de traiter les maladies a été subordonné aux différentes théories et aux différentes doctrines.

La chimiâtrie, dont la paternité appartient surtout à Sylvius, est due autant à la disposition d'esprit de ce savant qu'aux progrès de la chimie à l'époque à laquelle il vivait. Cependant Sylvius professait à l'université de Leyde en 1658; et plus d'un siècle avant lui Paracelse avait cherché à appliquer la chimie à la médecine. Il est vrai que la chimie telle que la professait Paracelse était plutôt de l'alchimie, car le prétentieux Bombast de Hohenheim prétendait avoir trouvé le secret de prolonger la vie et de faire de l'or; il croyait à la magie, à l'astrologie, et expliquait les maladies par l'influence des astres. Aussi lui doit-on les idées si fausses qui se sont propagées jusqu'à nos jours sur les spécifiques. Toutefois c'est à Paracelse qu'on doit l'emploi de l'opium, du mercure et de quelques préparations chimiques.

L'alchimie et la chimie, avant Sylvius, avaient déjà été étudiées, depuis les Arabes, par Arnold de Villanova, au xiiie siècle, et par Raymond Lulle, qui découvrit l'acide azotique en distillant un mélange de salpêtre et d'argile.

C'est à 1225 que les traités de chimie font remonter la découverte de l'acide azotique, mais elle doit être postérieure à cette époque, d'après les ouvrages qui traitent de la vie de Lulle. Basile Valentin, au xve siècle, étudia les préparations antimoniales et ammoniacales. Enfin Paracelse, au xvie siècle, puis Libavius et Van Helmont père et fils s'étaient occupés de chimie. On voit donc que cette science avait déjà été l'objet de nombreuses études avant Sylvius de le Boë, bien que les grandes découvertes n'aient été faites qu'à la fin du xviiie siècle.

A une époque plus rapprochée de nous, la physiologie est venue donner d'autres interprétations à certains phénomènes morbides et à l'action des médicaments. Ici encore se trouve confirmée cette loi que j'ai posée sur l'influence des diverses sciences sur la médecine et la thérapeutique aux différentes époques.

Mais si un point de vue exclusif a de grands dangers, il ne faut pas moins reconnaître que c'est ainsi que la science se trouve fondée, à la condition qu'aucune de ces études spéciales ne devienne la base exclusive d'une méthode thérapeutique.

On n'arriverait pas à une manière de voir vraiment saine et judicieuse si on se contentait d'étudier ainsi la thérapeutique d'après les divers systèmes ou les différentes doctrines qui l'ont modifiée. Il faut donner un coup d'œil d'ensemble rétrospectif et synthétique.

C'est pour avoir été presque toujours sous la domination d'une école que la thérapeutique a si souvent erré. Je dirai cependant que les fausses doctrines elles-mêmes ont pu avoir leur utilité pour le progrès de la science; c'est ainsi que l'étude empirique des médicaments, de leurs doses et de leur emploi a enrichi la thérapeutique de ressources précieuses. La doctrine rasorienne a pu être utile aussi à l'étude des préparations antimoniales, mercurielles, ferrugineuses, des sels purgatifs alcalins, de l'ipéca, de la scille, du colchique, de la gomme gutte, du séné, des strychnos, de la belladone, etc. Elle a montré la différence entre les effets de ces médicaments à haute et à petite dose. La doctrine de Broussais a été utile, elle aussi, en réformant quelques idées relatives au rapport de la pathologie à la physiologie. Chaque doctrine a ouvert un horizon nouveau à un nouvel ordre de recherches anatomiques, physiques, chimiques ou physiologiques. Mais on comprend que, selon la manière d'envisager la maladie, le traitement a dû varier du tout au tout. Les analyses chimiques de MM. Andral et Gavarret, appuyées des observations cliniques de Marshall-Hall et Beau, ont fait considérer comme dus à l'anémie beaucoup de phénomènes attribués antérieurement à la pléthore. C'est ainsi qu'on a trouvé là le contre-poids des idées de Broussais, et si sa doctrine a pu conduire les médecins à abuser des émissions sanguines, peut-être les idées plus modernes ont-elles produit un effet inverse et ont-elles fait rejeter trop systématiquement ce moyen thérapeutique. En toutes choses l'esprit humain procède le plus souvent par saccades, mais les véritables progrès sont lents et graduels.

Il faut se défier des systèmes, et cependant ne pas tomber pour cela dans une expectation systématique qui nous ramènerait à tout attendre de la nature médicatrice, c'est-à-dire nous reporterait au naturisme. Nous devons éviter d'être exclusifs et faire un choix dans chaque méthode thérapeutique de ce qu'elle peut nous donner de bon pour traiter le malade qui nous occupe, sans arriver jusqu'à la négation de tout traitement. Autant une expectation saine et raisonnée peut rendre de services dans certaines maladies dont l'évolution est normale, autant cette manière de faire érigée en méthode peut être dangereuse.

M. Constantin Paul, dans une de ses savantes leçons cliniques, a dit qu'il y avait deux écoles en thérapeutique :

1º L'*école des systèmes*, basée sur diverses théories qui font dériver les maladies d'altérations du sang, de la bile, etc....., comme Thémison, Galien, Brown, Broussais ;

2º L'*école de la tradition ou de l'empirisme*, qui s'appuie sur l'observation, mais se divise en plusieurs méthodes.

Ces diverses méthodes appartenant à la deuxième école sont : 1º celle d'Hippocrate ou méthode du sens commun, consistant à laisser la maladie suivre son cours si elle est légère ou fatalement mortelle, ou à imiter la nature lorsqu'elle guérit, dans le cas où la maladie est curable; 2º celle de Paracelse, qui veut qu'on soutienne le malade pendant l'évolution de la maladie; 3º celle de Van Helmont, comprenant la recherche des médicaments dits spécifiques, dont l'action a été souvent mieux constatée qu'expliquée; 4º celle de Barthez, qui applique à la thérapeutique la méthode analytique cherchant à décomposer la maladie en éléments qu'on attaquera isolément. C'est cette méthode exagérée qui conduit à la médecine des symptômes, manière de faire déplorable, ainsi que nous l'expliquerons plus loin, parce que la thérapeutique doit s'appuyer à la fois sur toutes les sciences et sur les expériences physiologiques, sans négliger aucune des ressources qu'elle peut puiser dans la connaissance exacte du malade et de la maladie.

CHAPITRE II.

DES THÉORIES PHYSIOLOGIQUES OU CHIMIQUES ET DE LA MÉTHODE EXPÉRIMENTALE.

Aucun système exclusif ne doit être adopté comme point de départ de la thérapeutique. Cependant tous les systèmes, toutes les doctrines ont concouru au progrès de la médecine. Chacune a fait envisager sous un nouveau jour un certain nombre d'états pathologiques. Nous trouvons un exemple très-remarquable de ce que nous avançons dans les diverses théories du diabète. La gloire de notre époque est de n'adopter aucun système exclusif et d'éclairer tour à tour les questions à l'aide des lumières de l'anatomie, de la physique, de la chimie et de la physiologie. Cette tendance éclectique de notre époque est fort heureuse. L'expérience aidée du raisonnement doit nous guider, c'est ainsi qu'on est assuré d'un vrai progrès. Que chacun apporte ses prédilections dans l'étude de la médecine et les dirige dans tel ou tel sens, selon la tournure de son esprit ou de ses études et selon son aptitude spéciale, rien de mieux, et la science en profite. Mais il faut éviter de se laisser entraîner à l'interprétation des faits à l'aide de telle ou telle branche de la science, à l'exclusion des autres. La médecine peut y trouver des aperçus originaux et y découvrir des perspectives inconnues, à la condition que ces théories ne deviennent pas aussitôt le point de départ de nouveaux traitements. C'est ainsi qu'on est arrivé, à quelques années d'intervalle, à des traitements complétement inverses pour certaines maladies. Il faudrait donc ne pas pousser l'engouement pour une théorie nouvelle jusqu'à l'abandon immédiat des traitements employés antérieurement au profit de celui qu'on appuie sur une manière de voir plus ou moins juste. En agissant ainsi nous ne ferons que renouveler en thérapeutique les anciens errements. Je n'ai pas besoin de préciser les faits à l'appui de ce que j'avance.

La physiologie et la chimie ont été surtout dans ces dernières années l'occasion de ces déductions thérapeutiques un peu précipitées auxquelles je fais allusion en ce moment. C'est donc à nous de ne pas accepter trop facilement toute application thérapeutique émanant d'un point de vue exclusif. Une revue faite dans les traités de pathologie à l'article Traitement serait plus instructive que n'importe quelle dissertation critique à laquelle je pourrais me livrer en ce moment. Je n'ai pas besoin de citer la pneumonie, les fièvres éruptives, les fièvres graves, l'épilepsie, le diabète, l'albuminurie, qui ont été l'objet de tant de traitements différents sous l'influence des diverses interprétations données à la cause de la maladie. Ce qui doit d'abord nous intéresser, au point de vue auquel nous nous plaçons, c'est le point de départ des divers traitements.

Les uns ont vu dans une maladie une affection totius substantiæ, d'autres y voient une altération du sang, d'autres enfin une lésion inaccessible à nos moyens thérapeutiques. Pour quelques-uns cette lésion est primitive, pour quelques autres elle est secondaire, ainsi que cela a été dit pour le tétanos. Il est évident que ces différentes manières de voir auront une grande influence sur le traitement.

Il est des cliniciens qui n'ont en vue que le symptôme ou au moins un certain groupe symptomatique et qui considèrent certaines maladies comme des entités pathologiques factices. Un grand nombre ne se préoccupent que des causes physiologiques et cherchent des médicaments capables de modifier l'état physiologique qui se rencontre dans la maladie qu'ils ont à soigner. Ils ne se préoccuperont par exemple que de la tension vasculaire ou de l'état du cœur et des gros vaisseaux dans un cas où d'autres ne feront que rechercher des agents chimiques capables de modifier l'état du sang, ainsi que cela se voit dans certaines hémorrhagies.

Dans des hémorrhagies ou dans certains cas de flux ou d'hypercrinies, ne voit-on pas les uns s'adresser aux astringents locaux, aux styptiques, tandis que d'autres ont recours aux modificateurs généraux et aux agents physiologiques ou chimiques. Ne voit-on pas dans l'albuminurie des traitements basés sur la physiologie, d'autres basés sur la chimie.

Il est vrai qu'ici comme dans la plupart des maladies, c'est la cause première qu'il faut atteindre, c'est jusqu'à elle qu'il faut remonter, et l'albuminurie peut être envisagée, selon les cas, ou comme un symptôme, ou comme une maladie.

La différence est grande entre l'albuminurie qui accompagne si souvent les lésions cardiaques et celle qui est liée à une altération primitive du sang ou à une des lésions de la maladie dite de Bright. C'est la cause physiologique qui sera un des points principaux à élucider pour arriver au traitement rationnel. Mais ce ne sera pas la seule notion à acquérir, et c'est à tort que dans ces derniers temps on a voulu renfermer toute la thérapeutique dans l'étude de l'étiologie physiologique et par conséquent dans l'emploi de médicaments dont l'action est purement physiologique.

Je ne nie pas toute l'importance de l'étude de la physiologie pour la thérapeutique, mais elle expose, elle aussi, à des dangers, lorsqu'on veut s'en servir à l'exclusion des autres moyens. Les expériences physiologiques sont assurément une des plus grandes ressources pour arriver à la notion exacte de l'action des médicaments, mais elles présentent de nombreuses causes d'erreurs. Je dirai d'abord qu'instituées au nom de la méthode expérimentale, qui est la seule bonne en médecine, elles ont souvent dévié de leur but. Le fait physiologique acquis par l'expérience s'est trouvé plus d'une fois au service d'un raisonnement plus ou moins spécieux, de telle sorte que la méthode expérimentale a été faussée dans son but, et le médecin se livre en réalité à la méthode spéculative, l'expérience n'étant qu'un fait accessoire et secondaire. C'est à l'insu même de l'expérimentateur que la méthode expérimentale est ainsi faussée dans certaines expériences physiologiques entreprises de très-bonne foi, mais dans le but de démontrer une théorie plus ou moins judicieuse ou habilement présentée.

Non-seulement une sorte de parti pris préside aux expériences physiologiques et fait qu'elles se plient, si j'ose ainsi m'exprimer, aux idées préconçues de l'expérimentateur, mais un certain nombre d'esprits ingénieux trouvent toujours une explication à un phénomène quel qu'il soit, et ces interprétations pourront varier d'une façon incroyable avec les besoins de la cause. Ce qui prête une très-grande facilité à ces différentes manières de raisonner dans des circonstances complétement inverses, c'est que des états physiologiques tout à fait opposés peuvent donner lieu au même cortége symptomatique, de même que des symptômes opposés peuvent dépendre d'un même état physiologique. Ainsi l'ischémie cérébrale ou la congestion peuvent amener les mêmes phénomènes, c'est-à-dire des paralysies ou des convulsions.

On n'a qu'à se rappeler ici la diversité des interprétations données sur l'action soporifique de l'opium pour savoir s'il congestionne ou décongestionne le cerveau, et si le sommeil tient à de l'anémie ou de l'hyperémie cérébrale. On voit donc que l'état physiologique doit passer au-dessus des symptômes dans notre esprit ; reste à savoir si l'on peut toujours affirmer que tel ou tel symptôme dépend d'un état physiologique et non pas de l'état inverse.

Puis vient le moment de recourir à l'emploi du médicament, et ici encore les différences d'interprétation de l'action physiologique peuvent être bien grandes. Aussi l'expérience doit-elle toujours primer les interprétations, c'est-à-dire qu'on ne doit admettre que des résultats rigoureux, en se défiant des hypothèses qui peuvent conduire à des conclusions erronées.

J'ai voulu montrer que la physiologie et l'étude des causes qui s'y rattachent pouvaient conduire à des erreurs thérapeutiques graves, mais les sources d'erreurs sont multiples.

J'ai dit tout à l'heure combien l'interprétation qu'on donnait d'une expérience physiologique dépassait souvent les strictes déductions expérimentales. Il est souvent difficile de ne pas forcer les conséquences des résultats obtenus, et les plus grands savants ont pu à leur insu tomber dans cet écueil. On peut ainsi pécher par défaut ou par excès dans les raisonnements qu'on fait à la suite d'une expérience physiologique. Par défaut, c'est-à-dire qu'on peut ne pas tirer tout ce qu'il y a d'utile d'un fait observé ; par excès, c'est-à-dire qu'on peut en tirer des déductions qu'il ne comporte pas. J'ai dit qu'on s'était placé parfois au point de vue d'idées préconçues ou qu'on ne cherchait à tirer de l'expérience que la justification d'une opinion ; d'autres fois on force les conséquences de l'expérience ou bien on n'appelle à son secours que les lumières d'une seule science, la chimie ou la physiologie, prises isolément, sans donner à la fois à chacune d'elles la part qui lui appartient dans l'explication des faits.

Pour revenir à la glycosurie, Mac Gregor (Valleix, t. I, p. 555) avait prouvé que le sucre se trouve tout formé dans l'estomac; tout le monde savait que l'amidon se transformait en sucre : il fallait trouver une substance qui fût capable d'opérer cette transformation, puisque rien n'expliquait la formation de cette quantité considérable de sucre dans l'organisme. M. Mialhe isole une substance qu'il appelle diastase salivaire : sans aucun doute il a eu le mérite d'insister sur la production du sucre à l'état physiologique en dehors de tout état pathologique. Mais la préparation de cette diastase salivaire sert de base à une théorie et nous conduit à envisager la salive comme spécialement chargée de la formation du sucre.

Cette action saccharifiante de la salive était déjà connue par les travaux de Leuchs, de Schwann, de Sebastian (Longet, t. I, p. 165). Je ne cherche pas ici à comparer les diverses théories : je dis seulement qu'avant d'en édifier une sur un principe existant dans la salive, il pouvait être utile de chercher si l'organisme ne présentait pas un produit analogue. C'est ainsi qu'on a trouvé dans beaucoup d'autres liquides ou substances organiques les éléments de cette saccharification. MM. Bouchardat et Sandras (Longet, t. I, p. 267) ont démontré l'action saccharifiante du pancréas et de son suc ; le même fait a été constaté aussi pour le suc intestinal, divers ferments, le sang, le pus, les lambeaux de membranes muqueuses (Longet, t. I, p. 168). Restait la question d'alcalnité du sang qui ne m'occupera pas ici, bien que je doute que le bicarbonate de soude, s'il peut transformer si facilement le sucre dans le sang, ne puisse pas avoir d'autres inconvénients aux doses qui doivent être employées. Mais les expériences et même les théories fausses sont utiles au progrès et au mouvement scientifique. Les belles expériences de M. Cl. Bernard sur la glycogénie et la glycosurie ont amené celles de MM. Sanson, Lehmann, Figuier, Pavy, Macdonnell, et enfin celles de M. Rouget, qui a montré que la glycogénie était plutôt une propriété de tissus divers. Nous reviendrons plus loin sur les causes d'erreur qu'engendre la chimie lorsqu'elle sert seule à l'interprétation des phénomènes vitaux ou à l'appréciation des maladies et de leurs divers traitements. Pour en revenir à la physiologie, nous dirons que les expériences les plus belles et les plus concluantes ne conduisent pas toujours aux conclusions qu'on en a tirées. La célèbre expérience que fit Bichat pour renverser la théorie de Haller et celle de Goodwin sur l'asphyxie, prouve bien qu'il n'y a pas arrêt complet de la circulation cardiaque et pulmonaire, mais elle ne conduit pas nécessairement aux conclusions de Bichat sur l'action délétère du sang veineux. Bérard a bien montré que, sans admettre les idées de Ph. Kay qui essaya de ramener les médecins aux opinions de Haller, on devait convenir que le physiologiste anglais avait relevé quelques exagérations échappées à l'auteur des immortelles recherches sur la vie et la mort. On voit combien il est difficile aux esprits les plus éminents de ne pas dépasser les conclusions rigoureuses d'une expérience, et je dirai, en renversant les termes d'un proverbe célèbre que l'esprit est souvent la dupe de l'imagination. L'important n'est donc pas de se livrer à ces sacrifices d'animaux qui donnent toujours à celui qui les entreprend une certaine notoriété, mais de les interpréter. Ce point est tellement difficile qu'au moment où des expériences étaient entreprises à l'École pratique par Beau d'une part et par MM. Chauveau, Marey et Longet de l'autre, pour décider entre les opinions dissidentes sur le rhythme et les bruits du cœur, on pouvait voir des médecins très-intelligents passer successivement d'une opinion à une autre, en assistant d'une salle à l'autre aux expériences instituées pour démontrer des faits opposés.

Après avoir examiné avec attention tous ces sphygmographes qui oscillaient et entendu les explications données par chacun des professeurs qui se rattachait à une opinion adverse, bon nombre d'observateurs rentraient chez eux indécis et mal convaincus. Et cependant jamais plus de soin n'a été apporté à des démonstrations physiologiques. Mais à côté de la supériorité réelle de la théorie de Rouanet, il fallait compter avec l'attrait d'un exposé aussi ingénieux qu'original fait par notre savant et regretté maître Beau, s'appuyant sur l'anatomie et la physiologie pathologiques, et animé d'une conviction si sincère, que les luttes académiques, qui lui furent si fatales, ne purent jamais l'ébranler. On voit donc combien est grande la difficulté, même en présence de faits qui semblent devoir parler autant aux yeux qu'à l'esprit. C'est qu'en effet, il faut tenir compte de beaucoup de conditions dans les expériences physiologiques. La nature de l'animal sur lequel on expérimente doit être prise en considération. Cela est tellement vrai, qu'après les expériences qui nous ont occupés plus haut et qui avaient pour but la recherche de la vraie théorie des bruits du cœur, un certain nombre de physiologistes avaient concédé à Beau la possibilité de ses idées sur la diasto-systole et le rhythme de la révolution cardiaque chez la grenouille. Chez cet animal, on lui accordait que le ventricule pouvait bien n'être pas en diastole pendant le repos du cœur comme il l'est chez le cheval et chez l'homme. On se rappelle ici les idées de M. Beau sur la tonicité systolique du ventricule qui suit sa contraction ou systole. Je n'ai pas l'intention de revenir sur ces théories ; j'ai voulu montrer seulement de quelles difficultés est entourée l'interprétation des expériences physiologiques, combien elle peut varier dans l'esprit des hommes les plus intelligents et qu'on peut admettre une certaine différence selon les animaux sur lesquels l'expérience est faite. Les animaux ne sont pas tous organisés en vue des mêmes fonctions, et c'est ce qui doit faire évidemment qu'ils ne seront pas tous aptes également à certaines expériences physiologiques. Ainsi il y a des animaux plus propres que d'autres à ces expériences ; le lapin, qui ne vomit pas, comme le chien, peut être plus apte à certaines expériences et moins à d'autres. Le chien est pour ainsi dire l'animal prédestiné parce qu'il vomit comme l'homme, mais cette analogie de fonctions, si elle est parfois un avantage, peut aussi être un désavantage parce que l'animal rejette facilement le poison ; aussi Orfila liait-il l'œsophage des chiens qu'il empoisonnait ; mais alors l'expérience à elle seule est très-dangereuse et peut être mortelle. M. Tardieu rejette pour ce motif la ligature de l'œsophage et préfère donner le poison par la méthode endermique ou hypodermique.

En toxicologie, les expériences physiologiques faites avec l'extrait de la substance suspecte retirée du cadavre, ont une immense importance, car elles ont été plus d'une fois l'appui de la défense ou de l'accusation.

C'est donc ici surtout qu'il faut éviter les causes d'erreur. Je ne parlerai pas de l'état septique ou putride des matières injectées qui pourrait servir d'objection à cette manière d'expérimenter dans la recherche des poisons par la méthode des injections hypodermiques ; les savants, qui se livrent à ces recherches, peuvent éviter cet écueil. Si après la mort il se produit des virus aux dépens de la substance organique altérée, les décompositions cadavériques détruisent aussi des virus qui existaient pendant la vie. C'est ce qui explique que les piqûres anatomiques, faites en disséquant des cadavres anciens, sont souvent moins graves que si les corps sont plus frais. Je sais bien que Trousseau a cité des cas d'inoculation variolique ayant pu se faire plusieurs heures après la mort. D'autres virus doivent pouvoir se conserver ainsi pendant un temps encore mal défini. D'ailleurs les procédés chimiques de Stas ou autres, employés pour isoler le poison, ont dû détruire les principes virulents. Est-ce parce que les Allemands ont isolé une substance à laquelle on a attribué les accidents de l'infection purulente qu'il faut craindre la présence d'un corps analogue à la septine ou sepsine de Bergmann dans les résidus obtenus ?

J'ajouterai que dans les expériences toxicologiques qui nous occupent, la nature et le mode d'évolution des accidents, provoqués par l'injection, sont un moyen d'éviter les erreurs. J'ai parlé déjà de l'importance que pouvait avoir la différence de nature ou d'organisation des animaux. M. le professeur Robin (voir son Dictionnaire au mot *virus*) insiste sur ce fait à propos de l'inoculation des *virus* et il dit :

« Si l'espèce animale est trop différente par son organisation de l'animal porteur du virus, la transmission pourra ne pas avoir lieu, quels que soient les moyens employés, ou au moins la forme de la maladie transmise sera changée dans le cas où il y aura eu action. » C'est donc là un danger de moins pour les inoculations ; toutefois, disons que la nature des altérarations des humeurs est encore mal déterminée. Les craintes qu'on a élevées dans les recherches toxicologiques au sujet des métaux dits normaux, et à propos des poisons qui peuvent provenir des terrains où les corps étaient inhumés, peuvent être réduites à néant, puisqu'on a des moyens aujourd'hui d'obvier à ces causes d'erreur. Il est quelquefois plus difficile d'éviter les difficultés qui résultent pour l'expérimentateur de l'habitude qu'avait la personne dont le cadavre est soumis à l'analyse, de prendre certains poisons à titre de médicament. Mais ici encore on peut, par l'étude des circonstances commémémoratives apportées par les témoins, éviter de pareils dangers.

J'ai dit plus haut que, de l'aveu même de M. Tardieu, la pratique d'Orfila présentait des inconvénients. Je rappellerai que certaines expériences physiologiques ont donné des résultats dus plutôt aux mutilations accessoires qu'à l'opération elle-même. Les recherches de Magendie et Longet (Longet, t. II, p. 335) sur les usages du liquide céphalo-rachidien nous offrent un exemple de ce fait. M. Longet a démontré que les troubles du mouvement étaient provoqués par l'opération et non pas par la soustraction de ce liquide.

Assurément ces erreurs momentanées n'incriminent en rien la physiologie, puisque cette science a réformé elle-même ses erreurs. Elles montrent seulement que dans les expériences les plus probantes en apparence, il ne faut pas se hâter de conclure, et qu'il faut se garder encore d'édifier des théories prématurées.

Si rigoureux que paraissent les résultats, si stricte que semble l'interprétation des faits observés, on arrive souvent à des erreurs involontaires. Les premiers expérimentateurs croient toujours arrriver d'emblée à la vérité, et le meilleur moyen d'éviter les erreurs, c'est justement de faire un retour vers le passé et d'y jeter un regard rétrospectif, afin d'y puiser des leçons pour l'avenir. Ce n'est donc pas pour accuser la science, mais pour profiter à l'avenir de ses fautes que je crois utile de rappeler par quels procédés généraux les plus grands savants sont arrivés à des interprétations erronées. Je voudrais pouvoir indiquer les procédés généraux qui conduisent aux erreurs; il faudrait arriver à formuler quelques lois générales qui pussent nous donner les moyens d'éviter des conclusions fausses ou prématurées. Loin de moi l'idée de faire le procès de sciences aussi utiles que la physiologie, la chimie, etc., qui ont amené de si belles découvertes en médecine et en particulier en thérapeutique. J'ai voulu seulement montrer l'importance des lésions accessoires et des différences d'organisation entre l'homme et les animaux sur lesquels on fait les expériences. Je rappellerai ici les faits observés par MM. Bouley, Colin et Sperino, qui démontrent combien les conditions de l'absorption digestive varient selon les espèces animales.

Des faits observés sur le cheval, il ne faudrait pas conclure à l'exactitude des mêmes observations chez le chien, le chat, le porc et le lapin (Béclard, p. 138 et 129).

Ces savants physiologistes ont montré que les expériences faites sur le cheval conduiraient à des résultats complétement faux, si on les appliquait à l'homme ou aux animaux que je viens de citer. Ils ont fait ressortir ainsi l'importance des différences de structure des organes dans les expériences faites sur les animaux. Dans les faits auxquels je fais allusion ici, c'est l'épaisseur de l'épithélium qui suffit à elle seule à changer les conditions de l'expérience ; c'est ce qu'ont bien montré les différences obtenues en faisant des injections, soit dans la plaie œsophagienne, soit dans les veines de l'animal, ou bien en pratiquant la ligature du pylore, la section des deux nerfs pneumogastriques pouvant remplacer cette dernière opération.

Je n'ai pas besoin de dire qu'une foule de différences, tenant aux variétés de structure, spéciales à certaines espèces animales, doivent exister, et que quelques-unes peuvent créer des erreurs à notre insu. Il me paraît évident, par exemple, que l'existence ou l'absence de vésicule biliaire (Béclard, p. 419 et 130), la nature différente des produits de sécrétion des glandes annexées à l'appareil digestif selon l'espèce animale, doivent changer les conditions et les résultats des expériences faites sur ces animaux comparativement à l'homme. M. Colin a bien démontré (Béclard, p. 133) cependant que le suc gastrique du cheval pouvait presque aussi bien digérer la viande que le fait le suc gastrique des carnivores, mais que cet aliment ne restait pas assez longtemps dans l'estomac du cheval. On sait en effet très-bien aujourd'hui, depuis les travaux de MM. Beaumont et Blondlot, quelles différencees il y a entre les divers aliments au point de vue de la durée de leur séjour dans l'estomac, et la division de M. Lallemand (Béclard,

p. 103) en aliments légers et lourds a été ainsi réduite à sa juste valeur.

Les aliments séjournent peu de temps dans l'estomac des herbivores à estomac simple (cheval et autres solipèdes); ils restent au contraire longtemps dans l'estomac des carnivores. Il semblait donc *a priori* que cette différence de durée dans la digestion stomacale dût être imputée à la différence dans la nature des aliments ou dans les qualités du suc ; mais, pour ce qui est de la nature du suc gastrique, nous venons de voir qu'il n'existait pas de grande différence dans la nature chimique de ce suc chez le cheval et chez les carnivores ; il semblerait donc que le peu de séjour des aliments dans l'estomac dût être imputé à la nature différente des aliments. En effet, si l'on se reporte à ce qu'on observe chez l'homme, on voit que les aliments quaternaires restent longtemps dans l'estomac, parce que c'est là que commence pour eux une modification importante, tandis que l'estomac retient peu de temps les végétaux et les laisse passer rapidement, parce qu'il n'a que peu de substances nutritives à en extraire. C'est surtout dans l'intestin que la digestion des matières végétales a lieu chez l'homme. Il semble donc que le cheval se rapproche de l'homme au point de vue de sa digestion stomacale ; chez les solipèdes, les modifications que doit éprouver l'aliment dans l'estomac ne portent que sur une faible partie de sa masse, c'est-à-dire sur le gluten et sur les matières albuminoïdes des fourrages, et l'aliment ne séjourne guère qu'une heure ou deux au maximum dans l'estomac.

D'autre part, la quantité des aliments consommés par le cheval à chaque repas, l'emporte beaucoup sur la capacité de son estomac, il s'ensuit qu'une partie des aliments s'échappe dans l'intestin à mesure qu'une nouvelle portion arrive dans l'estomac. La digestion des végétaux est donc surtout intestinale ici comme chez l'homme. Chez les ruminants, au contraire, les aliments, bien qu'ils soient de nature végétale, séjournent beaucoup plus longtemps dans l'estomac que chez les solipèdes. Il est vrai que la capacité de cet estomac est très-grande et que la rumination crée des conditions toutes spéciales.

On voit de combien d'éléments il faut tenir compte dans

Derlon.　　　　　　　　　　　　　　　　　　2

l'étude d'une même fonction dans l'échelle animale, il faut avoir en vue les différences de structure des organes, aussi bien que les différences de nature de sécrétions. Chez les ruminants, on sait que la véritable digestion gastrique ne s'accomplit que dans la caillette, le seul des quatre estomacs qui sécrète un suc acide. Après la deuxième mastication, les aliments y arrivent à l'état de bouillie et ne doivent pas y séjourner longtemps avant de pénétrer dans l'intestin, car la capacité de la caillette est bien moindre que celle de la panse.

On voit donc quelles précautions il faut prendre avant de conclure des animaux à l'homme. Puisque j'ai parlé des expériences faites sur la digestion, je rappellerai encore les différences de composition du suc pancréatique, selon les animaux, d'après les analyses de MM. Colin, Leuret, Lassaigne, Tiedemann, Gmelin, Bouchardat, Sandras(Longet, t. I, p.258).Ce qui complique encore les difficultés, c'est que certains sucs peuvent acquérir, par leur mélange, des propriétés différentes de celles qu'ils avaient isolément. M. Cl. Bernard a insisté sur ces particularités. Tous ces faits démontrent l'importance de la physiologie comparée ; mais il ne suffit pas d'étudier le même produit dans l'échelle animale, il faut encore tenir compte des conditions du mélange de ces sucs entre eux, conditions qui peuvent varier sous des influences diverses. Aussi M. Bernard a-t-il examiné l'action du liquide mixte de l'intestin chez les mammifères, les oiseaux et les poissons (Béclard, p. 121 et 117). Toutes ces difficultés donnent la clef des divergences d'opinion des physiologistes les plus distingués à propos de l'action des mêmes liquides, bile, suc pancréatique, suc intestinal sur les aliments féculents, albuminoïdes ou gras.

Les opinions si variées, émises par Hoffmann, Scherer, Frerichs, Bidder, Schmidt, Eberle, Lenz, Gorup - Besanez, Platner, donnent la preuve de ce que j'ai avancé.

Des observateurs habiles ont pu arriver à des résultats différents ; les uns avec Bidder et Schmidt niant l'action de la bile, par exemple, sur les matières albuminoïdes, les autres avec M. Platner, Gorup-Besanez, Scherer, Frerichs, admettant une opinion différente. Ce que je viens de dire de la bile,

on pourrait le répéter à propos du suc pancréatique et de son
action sur les matières grasses ou sur les substances albuminoïdes ou féculentes. Je ne parle pas ici des autres propriétés
attribuées à la bile, par exemple, en dehors de l'action chimique, c'est-à-dire de son action sur la circulation, sur la con-
tractilité musculaire ou de son intervention pour empêcher la
décomposition putride des aliments dans l'intestin. MM. Bidder et Schmidt ont noté l'influence du mode d'alimentation
dans les expériences faites sur les animaux à fistule biliaire.
Mais ici encore l'opération pratiquée pour la démonstration
des faits crée encore de nouvelles difficultés. La ligature du
canal cholédoque, qui semblait si concluante, conduit encore
à des erreurs.

On s'est aperçu que dans certains cas les résultats obtenus
ne devaient pas être interprétés comme on l'avait fait d'abord,
parce que le canal se rétablissait dans quelques cas (Béclard,
p. 116 et 106). La vérification anatomique est donc nécessaire
à la suite de certaines expériences physiologiques. Les premiers physiologistes faisaient subir aux animaux des mutilations qui exposaient à des conclusions peu rigoureuses. Aussi,
pour se procurer le suc pancréatique, il fallait faire subir à
l'animal des désordres qui rendaient impossible l'examen du
liquide pancréatique tel qu'il s'écoule dans la digestion normale. M. Cl. Bernard a rendu ici de grands services à la
science en modifiant le procédé opératoire et indiquant le moment où le suc devait être recueilli. La période pendant laquelle on fait écouler le liquide est d'une grande importance,
car la digestion doit en faire varier la composition. Il en sera
de même des inflammations secondaires provoquées par l'opération. C'est faute d'avoir établi ces distinctions qu'on a opéré
sur un suc pancréatique d'une nature différente de celui obtenu par M. Bernard et qu'on a contesté ses résultats. Ici
encore nous rappellerons les différences à établir selon les
espèces animales. Ainsi que MM. Weinmann, Bidder, Schmidt,
Frerichs, Colin et Bernard l'ont constaté, mais nous noterons
aussi les différences anatomiques qui existent non-seulement
d'une espèce animale à l'autre, mais chez le même animal
(Sappey, p. 247 et 248).

Les travaux de MM. Becourt, Moyse, Bernard, Sappey

Verneuil, ont bien élucidé cette question des variétés anatomiques déjà étudiée par Régnier de Graaf, Wirsung, Sylvius de le Boë, Kerkring, Munnicks, Meckel.

L'hypothèse de Meckel sur les canaux pancréatiques est intéressante pour nous, en ce qu'elle montre bien comment les théories et les raisonnements pouvaient prévaloir sur l'expérience dans une science aussi exacte que l'anatomie, et à une époque encore peu éloignée de nous. Il est vrai qu'ici il faut faire entrer en compte l'esprit des peuples. L'Allemagne a produit des hommes doués assurément d'une rare intelligence, mais très-enclins à enrichir la science d'hypothèses et de théories plus ou moins ingénieuses, plus encore que d'observations ou d'expériences exemptes de déductions exagérées. On pourrait même dire que la France a subi depuis quelques années l'influence de cette direction imprimée aux esprits, et la faveur avec laquelle étaient acceptées toutes les théories écloses de l'autre côté du Rhin autoriserait presque à établir qu'il a existé en France une sorte de période allemande. Je pourrais citer de nombreux exemples pour appuyer l'opinion que j'avance. Les théories de l'urémie, de l'ammoniémie, soutenues par Wilson, Frerichs, Treitz, celle de l'embolie de Wirchow, n'ont trouvé nulle part plus d'engouement qu'en France, et une étude minutieuse de tous ces travaux nous conduirait facilement à démontrer que l'hypothèse a souvent devancé l'expérience ou a forcé plus d'une fois l'observation clinique à être la très-humble servante des théories spéculatives. Mais je veux laisser de côté cette digression, bien qu'elle rentre dans mon sujet, en montrant combien l'esprit a de peine à se renfermer dans la stricte et rigoureuse observation des faits, et comment on en sort facilement, tout en croyant rester dans la voie expérimentale.

Puisque j'avais cité à ce sujet les difficultés qu'ont rencontrées les études de pure expérience en physiologie, je dirai, pour épuiser ce sujet, qu'après les études si bien faites par les anatomistes des variétés des conduits excréteurs du pancréas on pouvait se croire à l'abri de toute erreur, lorsque M. Robin signala la présence d'acini pancréatiques le long du canal cholédoque. On avait donc eu tort de croire que du suc pancréatique n'était plus versé dans l'intestin après les opérations pratiquées avec le plus grand soin sur les canaux excréteurs du pancréas. On voit combien les faits qui paraissent le mieux observés peuvent être renversés ultérieurement. On se rappelle que l'étude des fonctions du pancréas a été le point de départ de discussions sur la valeur des selles graisseuses dans les altérations de cet organe (Longet, t. I, p. 265). Mais ce n'est pas seulement en physiologie et en anatomie qu'il faut craindre les faux raisonnements, prenant leur origine dans les faits incomplétement observés.

La chimie, qui donne des résultats si précis et si exacts, a conduit elle aussi à de nombreuses erreurs. Celles-ci tiennent en général, soit à des fautes d'observation, soit à une manière inexacte d'interpréter, et nous en avons cité précédemment qui se rapportaient à ces deux origines; mais, en chimie, c'est surtout à cette deuxième cause qu'il faut attribuer les erreurs, c'est-à-dire que le fait chimique, constaté, est en général exact, mais on ne l'interprète pas d'une facon assez rigoureuse. C'est là en effet qu'est la difficulté, et c'est ainsi que les faits les plus probants en apparence peuvent ne pas conduire à la vérité. Ainsi, dans les applications de la chimie à la thérapeutique, on a trop souvent vu dans l'estomac une simple cornue et dans le sang un milieu comme le serait le premier dissolvant venu, ou au moins une liqueur alcaline quelconque.

On sait quelle est l'action de l'albumine en présence des alcalis et d'un certain nombre de sels métalliques, ceux de mercure, de cuivre, de fer par exemple.

L'albumine favorise ou empêche la précipitation de plusieurs oxydes métalliques, il y a des oxydes que l'albumine précipite de leurs sels et qu'un excès d'albumine peut dissoudre. Enfin, quand même l'action chimique serait parfaitement connue, il faut faire intervenir ici les phénomènes vitaux et les métamorphoses incessantes que la circulation et les actions chimiques, physiques et physiologiques successives produisent dans le sang au contact des différents tissus et des globules sanguins.

Les échanges moléculaires sont incessants dans les éléments anatomiques, et, en tenant compte des actions chimiques et des phénomènes d'endosmose et d'exosmose, on n'a pas encore fait assez, car la circulation et la vie changent encore les conditions des transformations moléculaires.

La tendance que les médecins ont à se spécialiser est certainement utile en ce sens qu'une science étudiée d'une manière spéciale est mieux connue, mais c'est là qu'il faut chercher, selon moi, la cause de ces théories appuyées les unes sur l'anatomie, les autres sur l'hydraulique, la mécanique, la physique, la physiologie ou la chimie, et qui ne tiennent pas compte des éléments si multiples et si compliqués de la vie.

Les Iatro-mécaniciens ont donné ainsi l'explication de certains phénomènes généraux qui accompagnent les maladies du cœur, et les anatomo-pathologistes en ont trouvé de toutes différentes, en étudiant les altérations consécutives granulo-graisseuses des organes et des vaisseaux. — De même que la physiologie prête ses secours à la pathologie, et il faut que la pathologie et surtout l'anatomie pathologique apportent leurs lumières à la physiologie dans l'étude des maladies. — C'est ainsi, que nous avons vu les efforts de Beau, pour mettre en harmonie la théorie des bruits du cœur avec l'anatomie pathologique ; un autre exemple nous est fourni par l'étude des lésions du pancreas appliquée aux fonctions de cette glande dans la digestion des matières grasses. Les difficultés des expériences et de l'interprétation des faits sont suffisamment démontrées par les divergences d'opinions, que nous avons vues surgir dans ces dernières années à propos de l'absorption cutanée ; les uns niant absolûment cette absorption sur les parties recouvertes de leur épithelium, les autres l'admettant sur ces mêmes parties, les uns la limitant aux corps à l'état de dissolution, les autres l'acceptant pour les substances qui sont divisées et non dissoutes. — Et cependant ce point n'est-il pas un des plus importants à élucider pour les applications thérapeutiques qu'on peut en tirer. On est vraiment effrayé, lorsqu'on réfléchit aux ressources de la médecine et à ses progrès, de voir combien de faits de première importance restent à éclaircir, et que d'opinions différentes sont émises sur les fonctions attribuées aux principaux organes ; on sait quelle obscurité règne encore sur le rôle dévolu au foie, à la rate au thymus, à la thyroïde, aux ganglions lymphatiques et en général aux glandes vasculaires sanguines et aux organes dits hémato poiétiques, auxquels on a voulu annexer, dans ces dernières années, la membrane médullaire des os longs.

L'esprit d'hypothèse dont les auteurs allemands nous ont donné l'exemple me paraît avoir été souvent nuisible au progrès véritable de la science. Ainsi, je citerai encore la théorie de l'urémie, en laissant de côté les accidents attribués soit à l'urée, soit au cabonate d'ammoniaque, soit à l'ammoniaque. (Ammoniémie de Treitz). Je ne parlerai que des faits chimiques, la diminution de l'urée dans l'urine dans l'albuminurie de Bright, et son accumulation dans le sang, et au contraire, la désalbumination du sang, lorsque l'albumine existe en abondance dans l'urine. Selon Bostock, MM. Rayer et Stuart Cooper, l'urée decroîtrait dans l'urine proportionnellement à l'abondance de l'albumine. Mais laissons de côté ici les idées des chimistes qui nous montrent l'urée, comme un des produits de combustion des matières albuminoïdes, introduites dans l'alimentation, au lieu d'en faire un des déchets de la désassimilation de nos tissus ou des globules. Le fait chimique est lui-même très-contesté et très-contestable. M. le Professeur Gubler, dans son article *albuminurie* (p. 438, 504, 450, 451), fait ressortir de récentes analyses du sang et de l'urine au point de vue de l'albumine et de l'urée, des considérations pleines d'intérêt.

Il y a loin de ces dernières manières d'envisager la pathogénie de l'albuminurie et de l'urémie aux idées des anciens qui voyaient dans l'albuminurie une désalbumination du sang. En conséquence, dit M. Gubler (p. 450), la diminution de l'albumine du sang, perd toute signification et ne saurait être rationnellement invoquée ni comme lésion caractéristique de la maladie de Bright, ni comme condition prochaine des hydropisies qui se montrent dans le cours de cette affection.

Quant à l'urée, si sa quantité a paru diminuée dans l'urine (p. 438), et parfois accrue dans le sang, nous dirons que les symptômes typiques de l'urémie, les convulsions éclamptiques, ne se montrent jamais dans les maladies qui, telles que le choléra et la fièvre jaune, donnent cependant des proportions énormes d'urée dans le sang. Enfin, trois analyses citées dans l'article *albuminurie* (p. 504), et faites par des hommes comme MM. Berthelot et Wurtz, nous montrent que le sang tiré au milieu des attaques épileptiformes ou dans le coma éclamptique, peut ne pas contenir une grande quantité d'urée. Comment donc se fait-il que tant d'observateurs consciencieux aient trouvé invariablement de si fortes proportions d'urée dans le sang des albuminuriques? On voit que des chimistes n'ont pas été à l'abri d'erreurs graves, soit dans leurs analyses quantitatives, soit dans l'interprétation de résultats que l'esprit généralisateur d'un grand nombre de savants étend de faits isolés à tous les cas qui peuvent se présenter. On applique souvent ainsi sur une trop grande échelle ce qui n'était vrai que dans des conditions particulières.

Mais ces erreurs n'auraient pas l'importance que nous lui attribuons, si la déduction thérapeutique ne conduisait pas souvent le malade à un traitement pernicieux. — L'albuminurie est-elle le résultat d'une augmentation relative ou absolue d'albumine dans le sang, tient-elle à une désalbumination du sang ou à une lésion renale ou à létat de la crase sanguine, etc.,etc.? On voit qu'il y a là l'origine d'une foule de traitements différents. Que ferons-nous en donnant des agents chimiques capables de coaguler cette albumine : comptons-nous sur une élection particulière de l'agent médicamenteux sur tel ou tel organe ; l'acide azotique ira-t-il coaguler l'albumine dans les voies urinaires? On serait bien heureux, en vérité, ici d'avoir le système porte rénal de M. Cl. Bernard, pour expliquer l'action de certains médicaments. Du reste, je crois qu'étant donnée une théorie, on trouverait aussi bien des explications en sa faveur, que pour une théorie complétement inverse (V. p. 105).

Des médecins, contrairement à l'opinion de ceux qui conseiltant l'abstention des aliments sucrés, ou des féculents qui peuvent produire du sucre, ont vu dans la présence du sucre dans l'urine une preuve de la déperdition d'un principe utile à l'économie. J'ai entendu professer que le meilleur traitement du diabète sucré était l'ingestion d'aliments sucrés, destinés à réparer les pertes ; il ne faudrait donc désespérer de voir conseiller les aliments albumineux chez les albuminuriques.

On voit jusqu'où peuvent conduire des appréciations si

différentes des faits chimiques ou physiologiques. Les Allemands avaient cru pouvoir mettre sur le compte de l'urée tous les accidents nerveux qui accompagnent l'albuminurie ; ls ne devaient pas s'arrêter longtemps en si beau chemin. Des accidents cerébraux surviennent dans certaines lésions du foie, il fallait charger une substance de la responsabilité de ces symptômes nerveux ; sera-ce la leucine ou la tyrosine comme le veut Stadeler : ou bien est-ce la cholestérine qui en restant dans le sang amène ces troubles cérébraux. Frerichs est moins explicite en attribuant à l'acholie, c'est-à-dire à la retention de certains éléments de la bile, les accidents qu'on observe. La théorie qui fait jouer à la sepsine un si grand rôle dans l'infection purulente mérite les mêmes reproches. Bientôt des esprits éminents se mettront en campagne et chercheront un agent chimique capable de détruire la leucine, la tyrosine, la cholestérine, la sepsine, ou d'empêcher des transformations pernicieuses dont on accuserait ces substances et tout sera dit.

On brûlera ces éléments nuisibles dans le sang comme on y brûle le sucre avec le bicarbonate de soude, ou comme on détruit certains organites à l'aide de l'acide phénique, et le malade devra guérir. Mais le malade pourra bien ne pas guérir parce que, croyant soigner la maladie elle-même, on ne se sera occupé que d'un symptôme, ou d'un phénomène accessoire, absolument comme ceux qui ne s'occuperaient que de détruire une fausse membrane véritablement diphthéritique, sans s'inquiéter de l'état général du malade.

Il faut de temps en temps jeter sur les chemins qu'on parcourt un coup d'œil rétrospectif, comme le voyageur, et si ce retour vers le passé ne nous console pas du chemin parcouru, il peut nous faire reconnaître quelquefois que nous sommes entrés dans une fausse voie.

Dans le traitement des maladies, c'est surtout à la cause prochaine physiologique ou autre, qu'il faut s'attaquer : mais je reviendrai plus tard sur ce sujet ; j'ai montré suffisamment, par les exemples que je viens de citer, combien il est facile de se tromper, et de combattre des fantômes, lorsqu'on croyait saper le mal dans sa racine. Très-heureux le malade qui n'est pas victime d'un système ou d'une sorte de mode, car puisque j'ai prononcé ce mot, je dois dire que la vogue de certains médicaments ou moyens thérapeutiques n'est pas un des faits les moins intéressants à étudier dans l'histoire de la médecine.

Un de nos maîtres les plus distingués me disait qu'il avait été très-heureux de cesser à temps le traitement alcalin, à cause de l'état d'affaiblissement dans lequel il se voyait tombé. Est-ce à dire pour cela que les alcalins ne puissent pas rendre de grands services dans la diathèse urique, et chez certains goutteux ? Assurément non. Mais, l'esprit de système a conduit souvent non-seulement à employer certains médicaments lorsqu'ils n'étaient pas utiles, et même lorsqu'ils étaient contre-indiqués, mais encore à en exagérer les doses, et à produire ainsi des accidents qu'un dosage mieux réglé eût fait éviter.

Je citerai, à ce sujet, l'emploi du tartre stibié dans les mains des disciples de Rasori. Quant à la mode il semble qu'il y ait des époques où certains traitements et certains médicaments acquièrent la propriété de guérir une foule de maladies, et, comme je l'ai dit tout à l'heure, il est rare qu'une explication plus ou moins plausible ne vienne pas donner l'interprétation par avance des succès qu'on doit obtenir. Et alors, ou bien c'est le médicament tant vanté qui répond à une foule d'usages ou d'indications variées, ou bien ce sont des maladies diverses qui tiennent à une cause commune, que le médicament en vogue nous permet de détruire.

Souvent le mode d'action du remède est mal interprété, c'est ce qui est arrivé par exemple pour l'acide phénique qui a pris, depuis quelques années, un rang si important dans la thérapeutique, quil rappelle presque le camphre employé par certains spécialistes, avec un succès toujours nouveau.

On s'occupe peu des modifications qu'un médicament peut faire subir à l'albumine du sang, à ses globules, à sa plasmine, etc. On a en vue un ferment à détruire, il doit le muter et avoir une sorte d'élection intelligente sur le principe morbide qu'on veut aller attaquer dans le sang. On va même jusqu'à trouver à l'acide phénique une odeur et une saveur agréables, tandis que presque toutes les personnes étrangères à l'art de la guérir seront d'accord pour affirmer qu'il n'y a rien de suave, tant s'en faut, dans ce médicament.

On va jusqu'à rapprocher son acidité, de celle de la limonade la plus agréable, et on l'emploie à des doses telles, que la muqueuse pharyngée peut en être fortement incommodée : peu importe, il doit guérir.

Je ne nie pas ici l'action de l'acide phénique, je l'ai expérimenté moi-même avec beaucoup de soin, et j'ai vu qu'il empêche le développement des fermentations ; lorsqu'on mélange au liquide fermentescible il empêchera la putréfaction des matières avec lesquelles on le mêlera. Mais est-ce à dire pour cela qu'il désinfectera l'air, et qu'il sera bien efficace de la façon dont on l'emploie.

Le principal secret de son action, c'est qu'il coagule les matières albuminoïdes ; mais pourra-t-il détruire à distance les corps qui sont répandus, ou en suspension dans l'air, le principe hydrogéné et carboné, que Boussingault y a signalé, après Théodore de Saussure, ou bien l'hydrogène sulfuré, les gaz ammoniacaux ?

S'il coagule l'albumine, n'aurait-il pas d'action nuisible sur certains principes immédiats du sang, ou même sur les hématies, avant d'y aller détruire un ferment, dont la nature est inconnue ?

Je n'ai nullement l'intention de nier l'utilité de l'acide phénique dans certains cas, mais ma conviction est que ce corps a été et est encore l'objet d'une mode. Comme caustique, il a une action coagulante et tannante sur les matières albuminoïdes, qui empêche sa pénétration dans la plaie ; et j'ai vu des cas malheureux qui devraient faire rejeter à tout jamais son emploi. Il n'empêche pas, ou empêche mal les accidents qui se développent à la suite de piqûres d'animaux venimeux, et je pourrais citer un cas de rage développé, malgré la cautérisation de la plaie faite avec une solution phéniquée par un des hommes qui ont le plus généralisé l'emploi de ce médicament (V. p. 137 et 140).

J'ai cité l'acide phénique, comme type de ce que produit la mode, et je ne parlerai pas des faits de MM. Grimaud de Caux et Calvert (séances de l'Académie des sciences du 5 juin et du 1er août 1870), en opposition avec les assertions de M. Pigeon.

En présence des exemples cités par M. David Davis, de Bristol, il faut être un sceptique, pour ne pas adopter l'emploi d'un moyen qui diminue de moitié la mortalité dans une localité !

Ce que ce docteur a dit de l'emploi de l'acide phénique dans le typhus, on l'a dit à propos de la variole, des fièvres intermittentes. Un médecin de Paris s'est même chargé de rendre justiciables de l'acide phénique :

« Toutes les maladies endémiques, contagieuses (nous « copions textuellement), notamment le charbon, la pustule «maligne, le sang de rate, la dysentérie, la fièvre intermittente « et probablement la fièvre jaune et le choléra. » (Voir séance de l'Académie des sciences, 10 avril 1871.) Tout cela repose sur des expériences ; il est vrai qu'elles ont été faites à Landerneau.

Quant au typhus des bêtes bovines, ce précieux médicament le guérit presque toujours! il guérit même aussi le cancer, sur la curabilité duquel un livre a été fait par le même docteur. Un autre médecin a vanté l'acide phénique contre l'érysipèle ; les faits que j'ai vus ne me permettent pas d'accréditer cette opinion.

Qui sait s'il ne guérira pas bientôt la phthisie pulmonaire comme l'ail, ou le camphre entre les mains d'autres praticiens. Et que restera-t-il donc à faire en therapeutique ; nous qui nous plaignions tout à l'heure, qu'il fût si difficile d'avoir des données certaines. Voici qu'un autre médecin guérit le choléra, la fièvre typhoïde, l'érysipèle, la colique de plomb, etc. (Académie des sciences, séance du 3 avril.) Avec les applications de collodion riciné sur l'abdomen, n'a-t-on pas guéri aussi des péritonites, peut-être même tuberculeuses.

Et ce moyen fut l'objet d'une note présentée à l'Académie des sciences, et la France n'a pas suffi à l'expérimentation : l'Inde elle-même a apporté son contingent d'observations miraculeuses.

On ne s'occupe pas de la nature de la maladie qui guérit, je ne dis pas qu'on guérit; on ne tient compte, ni de la lésion, ni des causes, ni de la forme de la maladie, ou de ces séries qui se terminent d'une manière heureuse pour ainsi dire d'elles-mêmes, on inscrit un succès. Pour ma part, j'ai vu essayer le collodion riciné dans divers cas, et je n'ai guère constaté qu'une action due au refroidissement, à l'évaporation de l'éther, à la privation du contact de l'air et surtout à la compression.

Je ferai remarquer ici, que le collodion riciné sèche moins vite et tiraille moins les téguments que ne le fait le collodion ordinaire. Je ne nie pas qu'il puisse produire des effets utiles dans certaines maladies, l'érysipèle par exemple, pour les raisons que je viens d'indiquer. Je l'ai vu essayer par Velpeau, d'après les indications de M. Bonnafont, dans l'épididymite et le savant chirurgien de la Charité fit ressortir des essais comparatifs, dont je fus témoin, que le repos et l'eau fraîche amenaient la guérison, à peu près aussi vite que le collodion, les sangsues, la ponction de la tunique vaginale, voire même la pommade d'iodure de plomb qui est à peu près sans action. Je ferai observer que je ne parle nullement ici de l'amendement de certains symptômes, la douleur en particulier à l'aide d'applications de sangsues, ou de la ponction de la tunique vaginale ; je ne fais allusion qu'à la durée totale. Les malades traités par les compresses d'eau saturnée furent même guéris un ou deux jours plus tôt que les autres, à condition de leur faire garder le lit pendant le traitement. Trousseau disait : hâtons-nous d'employer ce remède pendant qu'il guérit. C'est bien là l'expression qui rend le mieux l'histoire thérapeutique de certains médicaments ; nous ajouterons qu'il faut les expérimenter pendant qu'ils guérissent, afin de les juger définitivement, et pour éviter qu'ils ne reparaissent quelques années plus tard, ainsi que cela se voit si souvent, avec un air de jeunesse, ou rajeunis sous une forme différente, et par une façon nouvelle de les présenter.

Et souvent les mêmes moyens qui étaient regardés comme héroïques à une certaine époque perdent toute leur vogue ; cela tient à des circonstances multiples, tant du côté de la constitution individuelle que du côté de la constitution médicale au moment où on expérimente ; ou bien encore à la nature de la maladie, ou à la manière de conduire l'expérimentation. Ainsi, dans certaines maladies, le lieu où l'on fait les essais de traitement, l'époque à laquelle on emploie les médicaments, la période de la maladie et son intensité doivent avoir une grande importance, dans l'appréciation des résultats.

Tout le monde sait que dans les fièvres intermittentes d'origine paludéenne, la situation du malade à Paris crée pour lui une condition favorable à la guérison et que certains malades guérissent spontanément par le seul fait qu'ils sont soustraits au milieu défavorable dans lequel ils vivaient ; j'en dirai autant d'accidents larvés, névralgiques ou autres, dont l'apparition est liée souvent aux circonstances dans lesquelles le malade vit, à son habitation, à sa profession, à ses habitudes, etc. Aussi, toute expérimentation doit-elle être précédée, dans nos hôpitaux de Paris, d'une période d'expectation, pendant laquelle on a vu plus d'une fois céder les accès, avant qu'aucun traitement ait été institué.

Combién de fois ai-je vu des douleurs rhumatismales, névralgiques ou arthritiques, cesser sous la seule influence d'un changement dans la température. Si un médicament est employé au moment de cette amélioration, sa fortune est faite, et c'est encore en vertu du précepte : *Post hoc ergo propter hoc*, qui fait la vogue de tant de recettes dans le monde, et auquel des médecins eux-mêmes ont tant de peine à échapper, que le succès du remède est établi.

CHAPITRE III.

DE LA STATISTIQUE.

Une des bases les plus solides de l'expérimentation scientifique est assurément la *statistique*, de laquelle nous devons dire quelques mots. — Certainement, cette manière de faire présente une supériorité incontestable, mais elle est susceptible d'amener aussi de graves erreurs.

D'abord elle doit, pour être valable, opérer sur des chiffres assez élevés, et il faut avoir cherché à s'éclairer de ses lumières pour en comprendre les difficultés. J'ai déjà exposé précédemment comment, en ne tenant pas compte de tous les éléments, et en rapprochant des faits dissemblables, on pourvait créer des statistiques sans valeur. J'ai montré, en particulier, comment, pour la fièvre intermittente, certains traitements avaient pu être considérés comme héroïques, alors que l'expectation pure et simple, le changement de milieu ou de conditions auraient amené sinon la guérison, au moins une amélioration notable.

Et d'abord, je suppose tous les praticiens animés d'un égal désir d'arriver à la vérité par la vérité, c'est-à-dire doués d'une bonne foi aussi parfaite que possible. Il est évident qu'avec le charlatanisme il n'y a pas de résultats sérieux et admissibles.

Je suppose donc tous les médecins, membres d'une même famille, aussi instruite que digne et honorable, bien qu'on puisse être en droit d'exiger, après quelques exemples malheureux, que le caractère de l'homme offre des garanties suffisantes à la confiance générale. Certaines influences d'intimité ou d'intérêt ont pu modifier chez des hommes, dont le caractère est faible, la manière d'apprécier ou de présenter les faits observés, et sans qu'il y ait une mauvaise foi absolue de la part de l'observateur, il a pu n'apporter dans l'exposé des faits qu'une bonne foi relative. Il existe dans un certain monde une complicité occulte qui tend à élever certaines personnalités, et à en abaisser d'autres, et j'espère que la médecine a échappé et échappera toujours à ces intrigues déloyales, mais il est incontestable que certains résultats ont été offerts à la statistique d'une façon qui n'était rien moins qu'impartiale. C'est là un fait coupable, et cependant il est une chose qu'on ne pourra jamais empêcher, parce qu'elle se produit à notre insu. C'est ce que j'appellerai l'influence de la paternité.

Un savant a une idée ; il l'a faite sienne, et on comprend facilement qu'il aura pour elle, et pour tout ce qui s'y rattache, une complaisance qui est jusqu'à un certain point, sinon excusable, au moins très-facile à expliquer. On peut facilement fausser une statistique ; et cette indulgence, que nous avons facilement pour nos amis, et à plus forte raison pour nous-même, peut intervenir ici pour ainsi dire malgré nous.

Il suffit d'omettre certains faits peu favorables au succès d'un moyen thérapeutique employé, ou de ne pas les suivre jusqu'à la fin, même lorsqu'ils offrent de grandes chances de succès; ou bien encore de faire rentrer dans la statistique des faits douteux, et dans lesquels la réussite est facile.

J'aurais de nombreux exemples à citer dans les faits que j'ai vus ou lus, aussi bien à propos de statistique chirurgicale que médicale.

Des cas de choléra léger, ou de fièvre typhoïde peu grave, qui, pour d'autres, ne seraient que du choléra nostras, ou des synoques, ou des fièvres gastriques, sont englobés dans des statistiques. Mais, me dira-t-on, il est facile de voir si l'on a affaire à une fièvre typhoïde, ou à une synoque; n'a-t-on pas l'état de la rate, la diarrhée, les taches rosées? Dans la pratique, les faits ne se présentent pas toujours avec cette simplicité que nous donnent les livres : on a affaire à un malade qui a la rate grosse, parce qu'il a eu des fièvres de marais ; on trouve sur le ventre deux ou trois taches rosées, douteuses; enfin, la diarrhée n'est pas toujours très-marquée, ainsi que M. Barth l'a constaté dans certaines épidémies. Assurément, dans les cas ordinaires, les difficultés ne sont pas bien grandes; mais il n'est pas rare de voir des praticiens réserver leur diagnostic, et attendre le second septénaire pour se prononcer. Vous chercherez alors les taches rosées, et la maladie s'accentuera assez pour permettre un diagnostic certain. Mais ici intervient justement une autre difficulté, c'est que des médecins vous affirmeront que leur remède a fait avorter la maladie, et qu'on lui doit l'arrêt qu'elle a subi dans sa marche. N'est-ce pas ainsi que d'honorables praticiens ont raisonné à propos de l'emploi du sulfure noir de mercure dans la fièvre typhoïde. S'il n'arrêtait pas la maladie, c'est qu'on avait commencé à l'employer trop tard. Si la maladie guérissait, ou même ne présentait pas les symptômes de la fièvre typhoïde, et semblait s'arrêter à la première période, c'était au médicament qu'il fallait attribuer cette merveille. On voit combien il est difficile d'arriver ainsi à la vérité. J'ai été témoin, il y a peu de temps encore, de semblables raisonnements. De même que j'ai encore sous les yeux l'observation d'un malade, qui, opéré par un procédé nouveau, a compté comme un succès, et a succombé très-peu de temps après l'opération. Je n'ai jamais été l'élève de ce chirurgien, et il est évident qu'il ne s'est pas rappelé les renseignements que je lui ai communiqués. Si je cite cet exemple, c'est seulement pour montrer que nous oublions plus facilement les faits qui ne cadrent pas avec nos idées que ceux qui entrent dans notre manière de voir et flattent notre amour-propre, et c'est ainsi seulement qu'on peut expliquer certains résultats dont j'ai été témoin, et que je pourrais préciser si je ne voulais pas avant tout éviter les personnalités.

Tel fait, enregistré dans une statistique, a subi plus tard une modification que le journalisme n'enregistre pas. Il y a en effet à signaler le danger des statistiques prématurées.

A ce propos, je rappellerai l'histoire de ces opérations de tumeurs cancéreuses ou autres suivies de répullulation, ou ne donnant pas toujours un chiffre suffisant de succès, et qui, si le malade pouvait être suivi assez longtemps, laisseraient au chirurgien bien des déboires. Peut-être trouverait-on là un des motifs qui rendent les vieux chirurgiens moins hardis et moins entreprenants.

Cette considération me conduit à traiter d'un des points essentiels dans la statistique ; je veux parler du nombre de faits observés.

J'ai insisté suffisamment sur le danger des opinions préconçues, et j'ai dit qu'il fallait faire comme Descartes table rase de tout jugement anticipé ou prématuré. C'est de la statistique et des faits, que le jugement doit ressortir ; mais il ne suffit pas que ces faits soient probants, il faut aussi qu'ils soient en nombre suffisant. Il existe en effet des séries tellement bizarres, que l'observateur le plus consciencieux pourrait en être dupe. Il faut avoir été soi-même trompé par ces successions de cas heureux ou malheureux pour en comprendre toute l'importance.

Dans un travail que j'ai fait avec beaucoup de soin et toute l'impartialité possible sur l'épidémie cholérique de 1866, à l'hôpital Necker (service de M. le D\u0072 Delpech), et qui comprenait 127 observations, j'ai pu voir combien les résultats étaient différents, selon que je considérais l'ensemble ou seulement le premier tiers des cas : ainsi, rejetant avec soin, dans ma statistique, les malades envoyés dans la salle comme cholériques, et qui n'avaient pas cette maladie, j'ai vu le chiffre des guérisons, qui comprenait d'abord les deux tiers des cas,

tomber à 74 sur 127 malades, ce qui fait 53 décès et 74 guérisons. Or, pour conserver la première moyenne, il m'aurait
fallu 106 guérisons pour 53 décès, ou 37 décès pour 74 guérisons, c'est-à-dire, si l'on veut, 84 guérisons et 42 décès sur 126
cas. Il est vrai qu'ici il faut tenir compte, indépendamment
de tout traitement, des antécédents du malade, de sa constitution, de ses habitudes alcooliques, de l'intensité si variable
de la maladie, du moment où le malade est confié à nos soins,
et même du jour où le malheureux a été atteint. J'ai remarqué
que certains jours étaient pour ainsi dire néfastes, et j'avais
cru constater le même fait l'année précédente, pendant le
choléra de 1865, auquel j'assistai à l'hôpital Beaujon, dans le
service de M. le Dr Gubler. Je pensai que des conditions atmosphériques ou autres pouvaient favoriser un jour plus que
l'autre le développement de la maladie. Il y a plus, certains
lits, certaines salles paraissent plus malheureux que d'autres,
malgré tous les soins apportés à l'aération ; et des personnes
trop intelligentes pour qu'on pût les accuser d'idées supersti-
tieuses, auraient hésité à coucher dans un certain lit que je
vois encore. Sa position pouvait sans doute expliquer ses dangers, ou bien les résultats défavorables tenaient à ce qu'on y
plaçait des malades plus gravement atteints. Il y avait là
un hasard, une coïncidence. On voit de combien d'éléments
la statistique doit tenir compte ; aussi, pour qu'elle ait quelque valeur, est-il nécessaire d'opérer sur des chiffres assez
considérables. On est frappé plus d'une fois lorsqu'on suit
les Cliniques des hôpitaux de ces séries de faits analogues,
ou même semblables, pour des maladies qui doivent échapper
à toute influence épidémique, ou contagieuse par leur nature;
on voit même dans les services de chirurgie des séries d'ongles
incarnés, d'hydrocèles, d'épididymites, etc. Je rappelle seulement ces faits pour montrer combien les coïncidences peuvent être trompeuses. Appliquez les mêmes hasards à des
résultats heureux obtenus en traitant par tel ou tel moyen,
et vous arrivez à comprendre les difficultés de la statistique,
si elle ne s'étend pas à un nombre de cas suffisant. A plus
forte raison sera-t-il facile de constater que certaines maladies
soumises aux influences atmosphériques, ou épidémiques, ou
contagieuses, seront plus ou moins graves et présenteront, à

différentes époques, un contingent plus ou moins considérable au chiffre des succès.

L'importance de la constitution médicale et du moment, ou de la saison, est souvent plus grande que celle du traitement, pour les résultats obtenus. Il est évident que tout traitement, ou toute méthode curative, repose sur des faits observés en général avec toute la bonne foi et l'intelligence qu'on peut désirer. Comment se fait-il qu'en essayant les mêmes moyens il vous arrive souvent de ne pas obtenir les mêmes succès que l'auteur. Cela tient ordinairement à ce que les observations ne sont pas assez nombreuses, ou bien à ce qu'elles sont recueillies sans tenir compte des succès faciles que l'expectation pure et simple aurait pu donner; si nous supposons toutefois l'observateur à l'abri de toute opinion préconçue, ou de tout engouement irréfléchi. J'ai déjà cité les expériences comparatives instituées par Velpeau, pour contrôler la valeur des divers traitements de l'épididymite : je rappellerai combien les faits mal observés ou mal interprétés, conduisent à de fâcheuses conséquences, et je noterai, seulement pour mémoire, les prétendus succès obtenus dans le monde par les charlatans, dont un des types les plus remarquables est l'homme qui osa traiter des malades à côté de Velpeau.

Ce fait m'a toujours paru inoui, bien que je ne fisse que débuter dans les études médicales; mais l'engouement, qu'on peut pardonner aux personnes étrangères à la médecine, se retrouve, bien qu'atténué et modifié, chez des hommes qui ont acquis le diplôme de médecins, parce qu'il est inhérent au caractère même de l'homme, et qu'en s'instruisant il n'a pas suffisamment modifié son esprit et son jugement. Mon excellent maître Velpeau essaya, pendant une épidémie cholérique, qui précéda celle de 1865, l'emploi des sels de cuivre qu'on vantait déjà à cette époque. Le chiffre des insuccès fut tel qu'il ne fut pas tenté de continuer plus longtemps des expériences si peu heureuses. Et cependant n'avons-nous pas vu le même traitement reparaître dans les dernières épidémies; je lisais dernièrement encore une sorte de réclame attestant les succès étonnants du sulfate de cuivre associé au laudanum de Sydenham. J'ai trouvé, pour ma part, parmi les malades que j'ai soignés à l'hôpital Necker trois ouvriers travaillant le cuivre, qui furent, malgré leur profession, pris d'un choléra très-violent. L'un d'eux succomba; et j'ai vu, près de chez moi, un quatrième cas, suivi de mort, chez un limeur de cuivre.

Mais on trouvera toujours moyen de faire des objections ; et si le remède ne réussit pas, les personnes qui l'ont vanté vous diront qu'il a été appliqué trop tard, ou dans des conditions défavorables à sa réussite. On doit s'étonner, néanmoins, de voir revivre, après plusieurs années, bien des remèdes dont le peu d'efficacité a pu être constaté par tous. Une théorie étant lancée dans le monde médical, elle trouve toujours des partisans, pourvu qu'elle soit tant soit peu spécieuse, et souvent la théorie complétement inverse en trouvera également. Au moment où j'écris ces lignes, il vient de se produire, pour le choléra, ce que j'ai déjà signalé pour d'autres maladies : les uns cherchent à modérer les symptômes, et surtout les crampes, les vomissements , la diarrhée, tout en se préoccupant des périodes, les autres vantent l'emploi des purgatifs comme moyen de favoriser l'élimination du poison morbide. Les vomissements, la diarrhée, ne sont plus des accidents à redouter: c'est un moyen d'élimination qu'emploie la nature médicatrice.

On voit combien la thérapeutique est sous l'empire de la théorie, à une époque comme la nôtre, où l'on se vante de faire de la médecine une science expérimentale. N'est-on pas réduit, le plus ordinairement, à suivre les périodes, à donner des stimulants diffusibles à la période d'algidité, puis à modérer la réaction lorsqu'elle survient. Très-heureux le malade chez lequel la médication stimulante employée n'a pas dépassé le but et exagéré la période de réaction, ou chez lequel l'emploi de médicaments énergiques, tels que l'opium, ou les sels de strychnine, portés à une dose élevée, parce que leur effet paraissait nul, n'a pas causé d'accidents, lorsque la période de réaction a ramené avec elle une absorption qui était à peu près nulle auparavant. Et ce que j'avance ici s'appuie sur des faits : aussi, je préférerais de beaucoup être abandonné aux ressources de la nature , que de tomber entre les mains d'un médecin à système.

Les uns vont soumettre le malade aux boissons chaudes,

qu'il déteste ordinairement ; les autres ne craindront pas de lui donner des boissons glacées, se basant en cela sur l'élévation de la température du rectum, fait que j'ai constaté plus d'une fois, et qui conduit à penser qu'il y a une élévation de la température interne coïncidant avec le refroidissement extrême de la périphérie cutanée.

Aujourd'hui, les médecins anglais vont nous doter de la médication purgative, que j'ai déjà vu employer sur la seule recommandation de quelques articles, et les grands fleuves, devenant coupables de la propagation de la maladie, peut-être faudra-t-il chercher quelque substance qui neutralise dans l'eau l'élément morbide. C'est ainsi que marche la science.

On fait plus de cas des théories et des hypothèses de l'esprit, que des faits qui paraissent démontrés par l'expérience.

On concède que la médecine, et en particulier la thérapeutique, ne doit accepter que des principes démontrés, et ne doit reposer que sur des données expérimentales : on a cité des cas de transport du choléra par des malades qui créaient des foyers d'infection ; ce sont là des faits positifs. Mais bientôt il suffira, pour suivre le choléra dans sa marche, de faire un traité d'hydrographie. Que signifient les faits négatifs qu'on peut m'opposer en présence des faits positifs qui nous démontrent qu'un malade peut devenir un centre d'infection.

Les tentatives infructueuses faites par des médecins pour contracter la diphthérie, celles de Chervin dans la fièvre jaune, prouvent-elles quelque chose lorsqu'on les oppose au récit pur et simple des événements de Saint-Nazaire pour la fièvre jaune, et de Nogent-le-Rotrou pour le choléra. S'il y a des immunités individuelles, s'il existe des conditions de développement spéciales, mais mal définies pour une maladie, il ne faut pas moins s'incliner devant les vérités bien constatées : si une bonne graine, placée dans un sol peu favorable à son développement, ou dans des conditions qui lui conviennent mal, ne germe pas, faut-il en conclure qu'elle n'est pas apte à reproduire la plante ?

Pour en revenir au choléra, est-ce par le cours des fleuves qu'on expliquera l'apparition de l'épidémie dans le département d'Eure-et-Loir ? Si le malheur voulait qu'une nouvelle épidémie vînt sévir à Paris, serait-ce à la médication purgative qu'il faudrait avoir recours en vertu des théories récentes? Est-ce à l'Angleterre, au lieu et à la place de l'Allemagne, que nous irons demander désormais de nouvelles hypothèses, ou bien faudra-t-il avoir encore recours à cette panacée, dont l'emploi intus et extra guérit tant de maladies? Je veux parler de l'acide phénique.

J'ai déjà dit ce que je pensais de ce médicament, qui peut rendre de grands services lorsqu'on l'ajoute à certaines substances organiques, pour empêcher leur décomposition ou leur fermentation ; mais j'ai plus d'une fois été effrayé, en réfléchissant au nombre considérable de personnes, qui, sur la foi d'un article de journal étranger à la médecine, avalaient la fameuse limonade phéniquée, préparée avec la solution titrée à 40 grammes d'acide par litre. Il est vrai que la liqueur était diluée, mais elle me paraît très-peu agréable, quoique le médecin, qui l'a tant préconisée, se vante de la boire avec plaisir. Et qu'on n'aille pas croire que j'exagère l'emploi qui en a été fait : je pourrais citer des officines où le débit de l'acide phénique était tel qu'un kilogramme disparaissait en quelques jours. Les épiciers eux-mêmes débitaient la solution merveilleuse pendant la dernière épidémie de variole, et la consommation avait pris ainsi des proportions formidables chez des pharmaciens que je connais, bien qu'ils ne fissent rien pour en activer la vente.

Un coin du journal déchiré servait d'ordonnance, et c'est ainsi que les articles de journaux, qui ne sont nullement scientifiques, imposent au médecin certains médicaments dont il combat difficilement l'emploi, malgré la confiance qu'il inspire.

Nous voilà menacés de la médication purgative dans le choléra, à l'exemple des médecins anglais, dans le but de chasser le poison morbide ; les médicaments employés jusqu'ici pour arrêter la diarrhée seront bientôt rangés dans les vieilleries de la tradition. J'ai cependant vu des cas assez nombreux et incontestables de choléra survenu après l'emploi d'un purgatif, ou après l'ingestion d'un aliment indigeste qui a agi à la façon d'un purgatif.

MM. Vigla, Bergeron, Oulmont. Chauffard, Gubler, Foissac, ont eu peu à se louer de la médication évacuante dans le choléra. M'objectera-t-on que le même médicament, qui a pu développer la maladie, peut aussi la guérir?

Nous rentrerions ainsi dans les principes de l'homœopathie, dont je n'ai pas à m'occuper ici. L'homœopathie dont la popularité suit toujours, quoi qu'on puisse dire, une proportion croissante, doit en grande partie son succès dans le monde au discrédit que jette sur la médecine la diversité des opinions et des traitements.

Assurément, l'ignorance du peuple est la principale cause de ce succès. Pour moi, je diviserais volontiers les homœopathes en deux classes bien distinctes : la première comprend des charlatans ou des hommes n'ayant réussi à rien dans la médecine, se sont jetés dans un système qui pouvait les conduire à la fortune.

La seconde classe est celle des croyants, qui n'ayant pas interprêté sainement l'action de certains médicaments ou d'agents thérapeutiques ou prophilactiques, tels que la quinine, le vaccin, etc., se font une arme de leurs paradoxes spécieux. Ils s'installent au milieu de nous en sectaires séparatistes, et profitant et bénéficiant de l'idée que le public se fait de prétendus obstacles que le corps mécical oppose systématiquement au progrès ; alors ils acceptent courageusement la palme du martyre, parce qu'elle leur rapporte argent et notoriété.

Je désire me tromper, mais telle est à mon sens la juste interprétation des faits, et j'ai plus d'une fois lutté dans le monde contre cette supposition d'une opposition systématique faite par le corps médical à des spécialistes de mauvais aloi.

Tout le monde sait que la spécialité est, comme on dit, un des moyens de sortir de l'ornière, mais s'il y a des hommes qui se spécialisent d'une manière honorable par pure vocation et par suite de la direction particulière que leurs études ont prise, il y en a beaucoup que l'appât du lucre conduit seul à cette résolution. Ce n'est pas toujours, tant s'en faut, dans les classes moins instruites de la société qu'on trouvera le plus de crédulité dans le charlatanisme ; on sera souvent étonné de rencontrer la confiance la plus naïve chez des gens que leur position semblait devoir mettre à l'abri de si fausses appréciations. Je vais plus loin , des médecins eux-mêmes n'échappent pas à ces illusions, et vous font parfois des narrations incroyables. C'est, qu'en effet, il y a dans le praticien deux hommes : celui qui a entassé dans sa mémoire une quantité de faits appris et de plus l'homme qui applique un jugement sain et dépourvu de tout préjugé à l'appréciation de ce qu'il a lu ou observé. Le public qui, avec son gros bon sens, a pu souvent réprimer les abus de certains systèmes, même dans une science qu'il ignore complétement, est cependant un très-mauvais juge en général. C'est lui qui crée des réputations momentanées et des célébrités usurpées ; c'est lui qui rend si faciles certains succès, surtout lors qu'on flatte son amour-propre et ses intérêts en lui donnant l'espoir qu'il pourra se soigner lui-même.

C'est ainsi que le livre de M. Raspail a été si bien accueilli, et certaines familles n'ont pas besoin d'autre ressource pour soigner leurs malades ; ce bagage scientifique, si léger qu'il soit, leur suffit. L'idée de la spécificité est celle qui trouve le plus de crédit dans le peuple, et les médecins eux-mêmes n'ont-ils pas été longtemps victimes de cette illusion et de cette fausse manière d'envisager des médicaments répondant à certaines maladies spéciales.

On ne peut pas admettre aujourd'hui qu'il y ait des médicaments spécifiques, au sens que l'on attribuait autrefois à ce nom. Il n'y a pas d'action occulte des remèdes, il n'y a d'occulte et de mystérieux que ce que nos connaissances ne nous permettent pas encore de pénétrer. La maladie n'est pas une entité ou une sorte d'individualité contre laquelle on ne pourra lutter qu'à la condition de trouver un remède spécial qui sera le spécifique. On s'est fait des maladies la même idée que de certains poisons ou de certains venins américains, dont la neutralisation n'est obtenue qu'avec une certaine plante.

La médecine n'est pas si simple, sans cela il suffirait de reconnaître l'entité morbide et de lui appliquer le spécifique ; nous verrons plus tard, à côté de cette erreur, celle qui consiste au contraire à ne pas s'occuper pour ainsi dire de la maladie et à soigner simplement chacun des symptômes. Nous chercherons à faire comprendre nos moyens d'action ; ils sont complexes et laissent trop souvent à désirer, mais la spécificité, telle qu'elle a été comprise autrefois, ne conduit à aucune notion exacte. Un des faits qui m'ont le plus frappé, est celui d'un médecin qui, imbu des idées de la spécificité et agissant en cela de très-bonne foi, s'était mis à chercher un remède contre le choléra. Il avait trouvé ce moyen précieux dans la classe des médicaments que l'on oppose à un des poisons les plus énergiques que nous connaissions, et une certaine similitude de symptômes entre le choléra et l'empoisonnement duquel je parle, avait motivé son choix. Mais ce qu'il y a d'inouï, c'est que je fus témoin de plusieurs succès, qui donnèrent à ce médecin une très-grande confiance dans son remède. Il avait eu affaire à une de ces séries heureuses dont j'ai parlé plus haut, et déjà il parlait de faire un travail à ce sujet, quand vint une suite de revers que j'attendais et que je considérais comme infaillible, moi qui déjà avais été témoin plus d'une fois des difficultés de la statistique. J'ai vu d'autres fois le sulfure noir de mercure employé avec succès par un médecin qui avait vu dans ce médicament un véritable spécifique et l'emploi de cette substance coïncidant avec une suite de cas benins de fièvre typhoïde légère, le succès couronna l'œuvre.

Mais qui n'a pas été témoin de ces séries heureuses de maladies qui guérissent pour ainsi dire d'elles mêmes, c'est-à-dire en surveillant seulement le malade et faisant plutôt de l'hygiène que de la thérapeutique proprement dite. N'est-ce pas là ce qu'on a souvent de plus raisonnable à faire dans la plupart des fièvres éruptives lorsqu'elles évoluent sans aucun accident.

Les médecins qui s'attachent à un système aussi bien que ceux qui se livrent à l'expectation quand même, ou ceux qui s'exagèrent les ressources de la thérapeutique, ont pu éprouver de grandes déceptions durant le siége de Paris, en présence de ces varioles hémorrhagiques qui laissaient si peu de temps d'agir. On était là en face des mêmes difficultés, je dirai presque de la même impuissance que dans les cas de choléra pour ainsi dire sidérants, et je n'ai pas été peu surpris de lire dans un des meilleurs livres que nous puissions consulter, la phrase suivante à propos des varioles graves dont je viens de parler : « Mais si vous avez le courage d'ouvrir la veine, vous verrez en peu d'heures une éruption confluente apparaître et le malade sortir de cet état d'oppression qui menaçait de l'emporter. » Un fait de ce genre, dont j'ai été témoin à la Charité, m'a ôté toute envie de renouveler l'épreuve. Le malade fut saigné, mais nous attendîmes en vain l'éruption confluente et la diminution de l'opression ; le malade mourut peu d'heures après. J'ajouterai que c'est probablement par suite d'un *lapsus* que le même ouvrage attribue aux varioles confluentes une durée plus longue de la variole d'invasion qu'aux varioles discrètes. C'est exactement l'opinion inverse de celle émise émise par Trousseau, et celle du savant clinicien est la vraie.

CHAPITRE IV.

DE LA CHIMIE ET DE LA PHARMACOLOGIE APPLIQUÉES A LA THÉRAPEUTIQUE ET DES CAUSES D'ERREUR QUI RÉSULTENT DE LA CONNAISSANCE INCOMPLÈTE DES SCIENCES DITES ACCESSOIRES.

Nous avons déjà dit que la thérapeutique devait emprunter des ressources à toutes les sciences. La physiologie, la chimie, la physique, la mécanique elle-même devront servir à interpréter l'action des médicaments pour le traitement des maladies. La thérapeutique a recours aux trois règnes : les animaux, les végétaux, les minéraux, lui fournissent des médicaments et leur association sert à faire des préparations dont le nombre peut varier pour ainsi dire à l'infini. Mais dans ces associations, qui nécessitent la parfaite connaissance de la chimie, prennent naissance des erreurs dûes à des notions chimiques insuffisantes et j'espère en signaler quelques unes.

Certains mélanges ont été employés d'une manière empirique ; on a constaté une action utile, sans se rendre compte des décompositions qui se produisent au contact des substances : dans d'autres cas, on a fait des mélanges en vue de produire certaines réactions chimiques. Ces réactions se produisent ou dans le médicament, tel qu'il est donné au malade, ou plus tard, c'est-à-dire après son ingestion. J'ai déjà dit combien les transformations de cette dernière sorte étaient parfois difficiles à calculer si l'on ne tenait pas un compte suffisant des milieux, tels que le sang, la lymphe, le chyle, les mucus, ou des conditions qui résultent de la vie, du mouvement circulatoire incessant, de l'absorption, etc....

Le règne végétal et le règne animal, qui fournissaient beaucoup de produits à la thérapeutique, ont perdu une partie de leur importance, et le règne inorganique à pris une prépondérance marquée depuis les progrès de la chimie. Les anciens ont employé une foule de drogues simples en raison de leur aspect, de leur couleur, de leur odeur ou de leur forme ; ces qualités physiques faisant attribuer à des plantes, par exemple, des propriétés qui sont devenues bien douteuses depuis longtemps. Je citerai à ce sujet le lichen dit pulmonaire de chêne, l'herbe aux perles ou gremil (*lithospermum officinale ;* (Borraginées), le Nard indien (*nardostachys* ou *valeriana jatamansi ; valerianées*), la mandragore (*mandragora officinalis ; Solanacées*) appelée anthropomorphon à cause des propriétés qu'on lui attribuait ; enfin le ginseng (*panax quinquefolium ; Araliacées*).

Je pourrais encore donner d'autres exemples de la valeur qu'avaient pour les anciens les propriétés physiques des plantes. C'était là l'enfance de l'art, mais si nous évitons des erreurs aussi grossières, ne tombons-nous pas dans des fautes presque aussi graves aujourd'hui lorsque nous employons certaines plantes sur la foi d'un article inséré à la quatrième page d'un journal. On croirait difficilement quel succès les réclames obtiennent dans le monde médical lui-même. Je veux bien mettre de côté toute supposition de charlatanisme et ne m'occuper que de celles qui émanent de la profonde conviction de leurs auteurs. On se rappelle la réputation du Stachys anatolica ou plutôt d'une variété du tencrium polium, vendu sous le nom de Stachys, ainsi que M. Gubler l'a démontré ; n'a-t-on pas vanté contre la même maladie l'herbe et la poudre de semences d'argemone mexicana.

J'ai déjà dit quelle médiocre confiance devait nous inspirer tout médicament proposé comme spécifique, c'est-à-dire des-

tiné à aller combattre un poison morbide au sein de l'organisme infecté. C'est à ce titre que beaucoup de substances ont
été préconisées contre des maladies très-diverses, d'une façon
purement empirique, en vertu d'expériences insuffisantes par
leur nombre et leur qualité. Si celui qui met en avant un remède de cette nature est physiologiste, il voit la maladie ou
dans le système nerveux, ou dans le système vasculaire, etc.,
et applique un remède approprié à son point de vue. S'il a fait
quelques expériences sur les animaux, il a des chances de
succès, je signale particulièrement les vaso-moteurs et le
grand sympathique comme offrant de grandes ressources pour
l'explication d'une foule de phénomènes inexpliqués ; il en est
de même des actions réflexes. Alors il portera son attention
sur tel ou tel système et donnera un médicament qui combattra l'état physiologique produit par la maladie ; mais le danger c'est qu'en croyant combattre la cause physiologique primitive on pourra bien ne s'attaquer qu'à un symptôme accessoire. Si le médecin est chimiste, [il cherchera dans l'analyse
des humeurs le secret de la maladie, donnera des acides ou
des alcalins, et commettra souvent la même faute que le physiologiste dont je viens de parler plus haut ; c'est-à-dire s'atta-
chera à un détail alors qu'il croit avoir saisi la cause première.

Telle est la difficulté ; elle consiste à se faire une juste idée
d'ensemble sur une maladie, sa cause réelle et sa nature.
On voit combien nous sommes loin de l'emploi des médicaments dits spécifiques dans l'exposé que nous venons de
faire et combien aussi le sentier qui conduit aux hypothèses
est facilement pris pour le droit chemin, avec la meilleure foi
et à l'insu même de celui qui est l'auteur de la théorie la plus
erronée.

Le champ est si vaste qu'il est facile de s'y égarer et cela est
d'autant plus attrayant que les idées les plus fausses conduisent toujours à une certaine notoriété : on reconnaît les erreurs, mais le nom de leur auteur reste acquis à la science,
pourvu qu'il s'appuie sur des données séduisantes ou spé-
cieuses.

Je n'en finirais pas s'il me fallait citer tous les médicaments dont la réputation éphémère a cependant procuré
une sorte de célébrité momentanée à leur propagateur. Je

rappellerai seulement pour mémoire la vogue qu'ont eue certaines plantes dans ces dernières années, ainsi le selin des marais, le cotyledon umbilicus, le galium palustre, contre l'épilepsie, l'hydrocotyle asiatica, l'orme pyramidal contre les maladies cutanées, enfin plus récemment le sarracenia variolaris, contre la variole. Et toujours, au moment ·de la vogue, vous trouverez des personnes qui vous donneront des exemples de succès obtenus avec des remèdes ne résistant pas à une expérimentation un peu sérieuse.

C'est qu'en effet les médicaments ne s'adaptent pas si facilement à une maladie donnée; un ensemble ¡symptomatique peut être sous la dépendance d'états physiologiques ou anatomiques complétement inverses et j'ai déjà cité l'analogie de symptômes cérébraux produits par la congestion ou l'anémie cérébrale. C'est ce qui donne à la cause physiologique la priorité dans la connaissance des maladies et de leur traitement.

La période dans laquelle on est appelé à donner des soins a aussi une grande importance, elle fait souvent varier l'état physiologique, et on doit modifier le traitement selon l'époque à laquelle on est appelé ; j'ai déjà parlé à ce sujet du choléra, mais la même chose est applicable à une foule d'autres maladies. M. Gubler a insisté dernièrement encore sur ce fait à propos du délirium trémens. L'état de santé antérieur du malade et même cet état atmosphérique particulier qu'on a appelé constitution médicale, enfin la forme de la maladie doivent aussi entrer en compte pour le choix du traitement. On comprend que ce sont là autant de difficultés pour l'appréciation d'un médicament.

J'ai déjà parlé, et je ne saurais trop y revenir, des améliorations spontanées dues à l'évolution, pour ainsi dire, normale de certaines maladies ou aux soins hygiéniques concomitants. Bon nombre de fièvres éruptives, de pneumonies, d'érysipèles guérissent ainsi d'une manière très‑simple. Quand je parle de pneumonies, d'érysipèles, de fièvres éruptives, je n'entends pas parler de toutes ces maladies. Ce que j'ai dit plus haut me dispense d'entrer dans de plus longs détails à ce sujet.

Deux grandes causes d'erreur me paraissent dominer l'emploi de ces médicaments qu'on vante parfois avec tant d'enthousiasme et qui obtiennent parmi les médecins eux-mêmes un succès peu mérité ; la première est l'appréciation inexacte de la valeur thérapeutique d'un médicament dont la préparation ne laisse rien à désirer; la seconde est la mauvaise préparation des remèdes, soit qu'ils aient été préparés d'une manière vicieuse, soit qu'on ait substitué à tort à une substance active une autre qui l'est beaucoup moins ou n'agit pas de la même façon.

J'ai déjà insisté sur la première cause et j'ai montré comment les systèmes et les théories dominaient le choix du remède ; mais la seconde cause a, selon moi, une telle importance qu'elle nécessiterait presque à elle seule un travail spécial.

Il serait intéressant de montrer comment les mélanges qui sont indiqués dans un grand nombre de formules magistrales produisent des associations disparates qui conduisent à obtenir des effets différents de ceux qu'on veut produire. Les préparations officinales elles-mêmes ne sont pas exemptes de ce reproche, bien qu'il leur soit moins souvent applicable qu'aux formules magistrales. Tantôt c'est l'action physiologique, tantôt c'est l'action chimique qui intervient pour produire ces différences entre l'effet attendu et l'effet produit.

Sans m'arrêter au chapitre des falsifications des médicaments, qui est malheureusement très-important, ainsi que le prouve le livre si intéressant de M. le professeur Chevallier, je dois rappeler que les médicaments non falsifiés peuvent présenter de grandes différences d'action.

On sait quelle importance il y a à distinguer les opiums de diverses provenances, et surtout à les analyser avant de les faire entrer dans les préparations officinales. Le traité de M. le professeur Guibourt nous fournit à ce sujet les plus précieuses indications.

Certaines drogues simples réputées de bonne qualité peuvent être falsifiées ; d'autres, sans être falsifiées, sont de qualité inférieure ; d'autres enfin arrivent dans le commerce sous des formes ou sous un aspect qui les feraient rejeter si l'analyse ou l'expérimentation ne démontrait leur bonne qualité. Ainsi j'ai présenté à M. Guibourt, qui en a fait part à la société de pharmacie , un échantillon d'une scammonée qui, fraîchement arrivée dans le commerce, était rejetée à cause de sa couleur blanche qui la faisait ressembler à du galipot; aussi avait-elle été partout considérée comme falsifiée. Et cependant cette scammonée était excellente, très-riche en résine purgative, légère, poreuse, et elle a pris par dessiccation la couleur et tous les caractères de la belle scammonée d'Alep.

Je me suis demandé si cet aspect, que je crois avoir signalé le premier, ne tenait pas à ce qu'elle avait été recueillie depuis peu de temps.

Le suc du convolvulus n'était-il pas primitivement blanc, et la teinte de la gomme-résine, était-elle due à l'évaporation de l'eau dont la présence produisait une sorte d'émulsion à l'état frais, ou bien à un phénomène d'érémacausie analogue à celui que donnent certains sucs végétaux, comme le brou de noix par exemple, qui se colorent à l'air, même en l'absence du contact de toute lame métallique.

J'ai cité ce fait pour montrer combien de difficultés se présentent depuis le moment où le médicament arrive dans l'officine du pharmacien, après avoir passé déjà dans plusieurs mains, jusqu'à ce qu'il soit employé par le malade.

Pour l'association et le choix des médicaments destinés à l'exécution des préparations pharmaceutiques, il faut tenir compte d'une foule de conditions et de circonstances, mais le plus souvent c'est le fait inverse de celui que je viens de citer qui se produit, et au lieu de considérer comme mauvais un médicament d'excellente qualité, on regarde comme bonne une substance altérée ou frelatée.

Et d'abord, laissons de côté tout ce qui a rapport aux associations des diverses substances dans les préparations officinales ou magistrales et ne parlons que des drogues simples.

Le règne animal en fournit peu comparativement, mais ses produits sont souvent falsifiés : je n'ai qu'à citer, le musc, la civette, le castoreum, l'ambre gris.

Le règne végétal semble devoir échapper à toute falsification, mais il n'en est rien ; d'abord les substances achetées en poudre sont vendues le plus souvent par le pharmacien telles qu'elles lui sont fournies par un droguiste, qui est souvent plus épicier que pharmacien. Leur préparation et leur pureté me paraissent offrir peu de garanties lorsque le pharmacien n'a pas lui-même préparé ses produits.

Certaines substances ont été chauffées outre mesure pour faciliter leur pulvérisation, ce qui peut être nuisible pour des plantes dont le principe actif est volatil ou altérable à une certaine température, comme la ciguë, l'aconit.

Il faut être pour ainsi dire du métier pour en comprendre toutes les difficultés. Certaines substances s'obtiennent difficilement à l'état de poudre fine, et d'un autre côté le commerce de la droguerie les fournit si bien pulvérisées qu'elles seraient à peine vendables si elles étaient préparées par le pharmacien lui-même, avec les moyens dont il dispose.

Il en est de même d'un grand nombre de sels que le commerce fournit à la pharmacie très-bien cristallisés, et qu'on obtiendrait difficilement ainsi en les préparant en petite quantité. On en vient à préférer ce qui flatte l'œil par une perfection apparente à ce qui serait moins beau, mais présenterait plus de garanties de pureté.

Joignez à cela que le pharmacien trouve son avantage pécuniaire à acheter ses produits tout faits plutôt que de les préparer lui-même; il diminue ainsi son travail manuel, son matériel et le personnel qu'il doit payer.

On voit que j'entre dans le vif de la question, qui est le côté pratique, et n'est-ce pas dans l'intérêt qu'ont les hommes à agir de telle ou telle façon qu'il faut chercher la cause de leurs actions.

J'ai préparé plusieurs fois du sulfate d'atropine et des sels d'alcaloïdes végétaux, et j'ai pu me convaincre qu'ils me revenaient beaucoup plus cher qu'en les achetant tout faits ; j'en dirai autant de la plupart des sels, du sulfate de quinine, de l'iodure de potassium, etc. Mais aussi je savais ce que j'obtenais.

La meilleure preuve de l'infériorité de certains produits, c'est qu'il en est qui sont vendus parfois meilleur marché que les substances avec lesquelles on les prépare. Ainsi la farine de graine de lin se vend dans le commerce moins cher que la graine entière, et cependant il a fallu la pulvériser; on a dû, par conséquent, ou y ajouter des substances étrangères, ou la préparer avec des graines avariées ou dequalité inférieure, ou bien en extraire, avant de la pulvériser, un produit utile à certains commerces, l'huile de lin.

Je ne nie pas que sans falsification et sans tromperie, certains produits puissent coûter moins cher à celui qui les prépare en grand qu'au pharmacien qui veut les faire lui-même pour sa consommation. Combien trouverez-vous de pharmaciens qui consentiront à dépenser plus et à passer leur temps à préparer des substances que le commerce leur fournit à si bon compte. Mais, me direz-vous, le pharmacien peut analyser les substances qu'il reçoit toutes préparées ou les examiner avec attention ; cela est vrai, toutefois la multiplicité des préoccupations fait que ces soins ne sont pas toujours apportés, et puis le pharmacien dépenserait autant de temps à analyser les produits qu'il reçoit qu'à les préparer, aussi y renonce-t-il souvent.

Ces analyses sont souvent longues et compliquées ; le pharmacien perd l'habitude de les faire. et à peine se rappellerait-il toujours assez de chimie lorsqu'il est arrivé à un âge un peu avancé.

Il est devenu avant tout commerçant, et à qui la faute ? S'il ne prépare plus lui-même comme autrefois ses produits, c'est que la liberté commerciale a permis à tous les commerces de préparer des produits qui étaient autrefois le monopole de la pharmacie, et que la concurrence est devenue telle qu'il n'y a plus de gain suffisant pour celui qui veut bien préparer, s'il n'a pas un débit très-grand.

Or la manière de formuler est tellement simple aujourd'hui qu'elle permet à bon nombre de malades d'être initiés pour ainsi dire à la pharmacie, et le pharmacien ne pouvant plus vivre finit par viser aux procédés économiques. Assurément, il est des pharmaciens qui réalisent d'énormes bénéfices, mais c'est la minorité, il faut qu'ils aient un grand nombre de clients ou bien qu'ils possèdent une spécialité qui les conduise à la fortune.

Cette dernière ressource est celle dans laquelle se jette la pharmacie par la faute des lois qui n'ont pas suffisamment protegé la profession, et de l'encouragement que donne aux spécialités le public médical lui-même.

Derlon.   4

Je reviendrai plus tard sur ce sujet. Très-heureux celui qui, limité à l'exécution d'ordonnances rares et peu lucratives, ne se laisse pas entraîner par la crainte de la misère ou par l'appât du gain à faire du charlatanisme ou à falsifier certaines préparations. On remplacera, par exemple, l'huile d'amandes douces, le vin de Malaga, la cire blanche par de l'huile d'œillette, du vin artificiel, de l'acide stéarique : On diminuera la quantité de safran dans le laudanum, de quinquina dans le vin et on le remplacera par de la gentiane ou du *quassia amara* (V. p. 64).

On comprend quelles erreurs pourront résulter pour le médecin de l'emploi de médicaments ainsi altérés.

J'ai dit qu'un certain nombre de falsifications ou d'altérations pouvaient échapper au pharmacien·

Je crois que l'identité des préparations doit être le but vers lequel nous devons tous tendre. En supposant au pharmacien tout le bon vouloir imaginable, il est certain que beaucoup de falsifications lui échapperont pour des substances qu'il achète toutes préparées.

J'ai parlé des substances pulvérisées, et j'ai dit que la dessiccation pouvait les avoir altérées lorsque leurs principes actifs sont volatils. Mais il y a beaucoup de plantes qu'on gagnerait toujours à employer, sinon fraîches, ce qui est souvent difficile, au moins séchées à l'air libre à une température moderée (V. p. 147).

Je rappellerai à ce sujet un fait qui m'est arrivé, il y a quelques années.

J'ai cité les plantes dont le principe actif est reconnu volatil ; mais il y a des plantes qui sont réputées à principes fixes et cristallisables et qui, j'en suis convaincu, perdent par dessiccation des principes actifs indépendants de ceux que la chimie isole et dont nous substituons l'emploi à celui de la plante.

J'étais occupé à recueillir à la campagne du *datura stramonium*, en vue de recherches que je faisais alors sur les principes actifs de cette plante ; bien que je n'eusse aux mains aucune écorchure, j'en avais à peine récolté pendant un quart-d'heure lorsque je fus pris d'étourdissements et d'obnubilations. Il est vrai que la plante était fort belle et dans des conditions de végétation presque exceptionnelles ; il n'en est pas moins remarquable que mon père, engagé par moi à m'aider dans ce travail, fut pris des mêmes symptômes au bout du même espace de temps et dût s'arrêter comme moi. Nous conservâmes tous deux une céphalalgie assez violente qui dura toute la journée, et nous fûmes obligés de conclure que, si la daturine n'est pas volatile à la température ordinaire, il existe un principe actif très-volatil dans le *datura stramonium*. Une macération d'opium, de belladone, ou une évaporation faite à une basse température du liquide qui sert à préparer les extraits de ces plantes, en employant le moins de chaleur possible, donne une céphalalgie des plus violentes dont nous avons trop souvent souffert, mon père et moi, en préparant les extraits de ces plantes.

L'atropine est-elle entraînée par la vapeur d'eau comme on a signalé l'entraînement, pour ainsi dire mécanique, de certaines substances qui ne sont pas, à proprement parler, volatiles par elles-mêmes ; toujours est-il que j'ai constaté plus d'une fois la dilatation de la pupille chez des personnes qui restaient dans le laboratoire où se préparait l'extrait de belladone, et ne portaient pas les mains à leurs paupières.

Mais je crois qu'il y a de plus dans les plantes narcotiques, belladone, jusquiame, stramoine, et dans l'opium des produits volatils très-actifs. L'atropine, la morphine sont inodores, et il me paraît évident qu'il y a dans les plantes des principes actifs qui sont odorants et volatils.

J'ai essayé par distillation à tirer de l'opium, dont l'odeur m'avait rendu si malade, une substance vénéneuse ; j'ai obtenu une matière odorante, mais je n'y ai pas trouvé de quantité appréciable de morphine.

J'avais essayé cette expérience pour me rendre compte de l'état dans lequel était l'alcool obtenu en distillant ou évaporant le laudanum de Rousseau, parce que beaucoup de pharmaciens, au lieu de recueillir et d'utiliser ce produit de distillation, évaporent à l'air libre et remplacent le produit distillé par de l'alcool ordinaire. C'est, du reste, ce qui fait la différence des procédés de l'ancien et du nouveau codex. Le produit de la distillation est l'alcoolat connu, autrefois sous le nom de gouttes blanches de l'abbé Rousseau.

Dans l'expérience que j'ai citée à propos du *datura*, ou pourra m'objecter que l'absorption est faite par les mains ; en effet une femme de la campagne, aux mains calleuses et reouvertes d'un épiderme épais, a résisté plus longtemps que nous à l'influence toxique du *stramonium* qu'elle cueillait après nous. Mais elle a fini par la ressentir aussi, et j'ai déjà dit que nos mains ne présentaient aucune écorchure ; enfin j'ai cité les exemples d'accidents développés sans toucher les plantes fraîches et rien qu'en restant dans les laboratoires où elles macéraient.

Je crois donc pouvoir affirmer qu'il existe dans beaucoup de plantes des principes odorants narcotiques ou stupéfiants, volatils encore mal définis, mais indépendants des alcaloïdes qu'on en isole et qu'on emploie à la place des plantes.

C'est souvent à tort, selon moi, qu'on croit pouvoir remplacer la plante par son alcaloïde, et je reviendrai bientôt sur ce sujet. La distillation qu'on pratique si peu dans les pharmacies depuis quelques années, à cause de motifs que j'ai exposés plus haut en parlant de l'origine des médicaments vendus dans les officines, nous donne des preuves certaines de ce que j'avance. Des plantes, même inoffensives et peu actives, peuvent produire des effets incontestables sur les personnes qui les distillent ou qui restent dans les endroits où elles sont renfermées.

La distillation du tilleul produit un effet inebriant (Soubeiran, p. 586), et MM. Brossat, Margraff et Pfaff ont constaté ici la présence d'une huile volatile, à laquelle était due cette action. Mais, dans les plantes stupéfiantes ou narcotiques dont on a isolé des alcaloïdes fixes pour substituer leur emploi à celui de ces plantes, il existe évidemment des principes volatils actifs que j'ai cherché à étudier et dont on a jusqu'ici négligé à tort l'action.

Il existe, en effet, une grande différence de conditions dans l'emploi des alcaloïdes et des plantes qui leur correspondent. Si les progrès de la chimie sont utiles, ils ont un effet nuisible aux yeux de certains médecins qu'ils ont conduits à l'abandon des drogues simples en général et des plantes en particulier.

J'ai été très-heureux de retrouver dans l'étude chimique

très-intéressante de l'aconitine cristallisée présentée par M. Duquesnel à la séance du 17 juillet dernier (voir comptes-rendus de l'Académie des sciences) une remarque qui prouve l'importance de ce que j'avance ici.

Indépendamment des principes volatils qui existent dans les plantes, l'alcaloïde, étudié dans sa propre liqueur, n'est doué des mêmes propriétés que s'il est isolé. Ainsi un certain nombre de substances, et en particulier celles qui appartiennent à la classe des glucosides, se décomposent facilement sous l'influence de divers agents et le plus souvent de ferments propres.

C'est un fait de ce genre que M. Duquesnel a constaté ; aussi fait-il remarquer, à propos de l'aconitine, que cette substance, soumise à une température de 100° au contact de l'air et au sein de sa propre liqueur, disparaît en partie et quelquefois totalement en très-peu de temps.

Il ajoute plus loin que l'aconitine isolée et pure cristallisée n'est pas volatile, même au-delà de 100° ; ce n'est qu'à partir de 130° qu'elle se décompose et paraît se volatiliser en partie.

La cristallisation est une grande garantie de pureté pour l'emploi d'un grand nombre de substances, et puisque j'ai parlé ici des alcaloïdes, je dirai que je ne reconnais comme alcaloïde dont on doive encourager l'usage, que ceux qui présentent une forme cristalline bien définie, et dont la pureté puisse facilement être reconnue.

La digitaline, par exemple, ne me paraît remplir les conditions voulues, et son état amorphe, ne permettant pas d'en constater la pureté, je crois que les médecins qui l'emploient sont placés dans l'impossibilité d'affirmer son action, le pharmacien qui la vend ne pouvant leur offrir aucune garantie sérieuse de la pureté de ce médicament.

Quand il faut, pour constater la pureté d'une substance, faire des expériences sur les animaux, ce moyen de contrôle donnerait une appréciation relative difficile à établir de l'animal à l'homme, même en admettant que les essais physiologiques fussent répétés chaque fois avec grand soin. Si ce précédent est acceptable lorsqu'il s'agit d'une substance peu dangereuse comme la pepsine, quand on administre une substance qui doit être active comme la digitaline, il faut que ses caractères physiques ou chimiques permettent de voir facilement si elle est pure.

C'est alors que les médecins cherchent souvent dans le cachet d'un spécialiste une garantie qui me paraît être très-souvent illusoire, car beaucoup de spécialistes se contentent d'acheter en gros chez les droguistes les substances dont ils se disent fabricants spéciaux.

J'ai dit quelle importance on devait selon moi attacher aux caractères physiques et chimiques des substances, et quelle difficulté on éprouvait à obtenir à l'état de pureté certains médicaments. On comprend qu'il est très-difficile d'établir la valeur thérapeutique d'un poids donné d'une substance amorphe ou à cristallisation confuse. Aussi MM. Homolle et Quevenne considèrent-ils la digitaline comme cent fois plus active que la poudre de feuilles de digitale fraîchement préparée, tandis que pour M. le Dr Stadion, de Kiew, l'énergie ne serait que trente fois plus grande. Ajoutez à cela que les divers procédés employés pour préparer l'alcaloïde peuvent ne pas le donner au même état de pureté.

Tout le monde sait que la digitaline de M. Henry n'est pas la même que celle de MM. Homolle et Quevenne. L'aconitine préparée par divers procédés n'a pas la même action, et je me servirai de cet exemple pour rappeler qu'on a même pu extraire d'une plante diverses substances cristallisées, ayant une action différente.

On voit combien les difficultés qui se présentent dans l'emploi des alcaloïdes deviennent sérieuses puisque la cristallisation n'est elle même qu'une garantie relative, et qu'il faut spécifier quel a été le procédé préparatoire.

On a pu donner le même nom à des substances d'action très-différente, extraites de la même plante. Ainsi l'aconitine de Hottot est très-active, mais elle a pour moi le grave inconvénient de n'être pas cristallisée, c'est-à-dire de nécessiter au moins un examen chimique. On m'objectera que la solubilité dans divers liquides, eau, alcool, éther, benzine, chloroforme, peut être essayée ; mais ces caractères sont difficiles à constater, et ira-t-on passer en revue tous ces caractères dans une officine où on ne consomme pas 0,25 centig. d'aconitine en deux années. La cristallisation est assurément une grande garantie dans l'emploi des médicaments, et cependant il faut savoir que certaines substances cristallisées sont impures ; ainsi il existe dans le commerce de l'aconitine cristallisée bien moins active que celle de Hottot (p. 114, Bouchardat). Il faudrait donc pouvoir s'assurer que la substance a bien été préparée par tel ou tel procédé, et malheureusement cela est presque impossible à savoir.

Pour la digitaline, la confusion est au moins aussi grande puisque M. Lefort en distingue deux espèces, une française et une allemande, ayant des propriétés chimiques différentes. Si la cristallisation est une chose utile en général quand il s'agit d'alcaloïdes, comme les sels de morphine, de strychnine, etc., pour garantir leur pureté, nous avons vu que des poudres amorphes peuvent être plus actives que des produits cristallisés. Mais il n'en est pas moins vrai que l'état amorphe laissera toujours dans un esprit sceptique comme le mien des doutes que la confiance dans le préparateur pourra seule dissiper. Encore est-ce toujours un moyen de contrôle qui peut manquer et nous devons ne pas oublier qu'il existe des substances appelées à tort alcaloïdes et qui cristallisent. L'aconitine de M. Duquesnel est cristallisée, et c'est encore une nouvelle espèce sur laquelle il faudrait donc porter l'expérimentation physiologique avant de l'employer. S'il y a dans le commerce une aconitine impure cristallisée, on doit savoir ce fait et s'en méfier ; mais ce n'est pas une raison pour nier que l'état cristallin, lorsqu'on peut l'obtenir, soit une chose inutile et superflue d'une manière générale.

Si j'attache une grande valeur à l'étude des propriétés physiques, c'est que je crois que l'emploi du microscope n'est pas assez généralisé dans l'examen des médicaments et j'ai bien des fois constaté combien l'emploi du microscope, surtout avec de faibles grossissements, pouvait rendre de services.

La microchimie fournit souvent des résultats aussi exacts que rapides, et ceux qui reculent devant une perte de temps considérable, nécessitée par une analyse chimique, pourraient trouver là un moyen de contrôle sûr et prompt non-seulement pour l'examen des farines, des fécules, du lycopode et de certains alcaloïdes, mais aussi pour l'étude d'une foule de substances amorphes ou cristallisées et de poudres simples ou composées.

J'ai fait voir l'importance de l'analyse chimique et du microscope appliquées à la pharmacie parce que le médecin est toujours sous la dépendance du pharmacien quand il s'agit de l'efficacité d'un remède et que la première hypothèse à poser en thérapeutique est celle d'un médicament aussi pur et aussi parfait que possible. Non-seulement la substance prescrite peut avoir été falsifiée ou altérée, mais elle est souvent très-différente de ce qu'elle devrait être pour répondre à l'opinion que s'en fait le médecin qui la prescrit. Des substances préparées par un procédé très-louable peuvent être altérées à plaisir afin de leur donner une forme commerciale et un aspect qui les rendent plus attrayantes. J'ai vu des personnes très-intelligentes refuser du vin de quinquina parfaitement préparé parce qu'il était trop bien fait et qu'elles étaient habituées à prendre ce médicament dans des officines où il devait une amertume excessive à la gentiane ou au quassia-amara.

Le fond de toutes les falsifications est l'économie et presque tous les pharmaciens ont une espèce de grimoire où sont entassées des recettes dont les modifications sont presque toutes dictées par un motif d'intérêt (V. p. 58) : Ils vous diront tous que les préparations ainsi faites sont de meilleure qualité, mais le plus souvent n'en croyez rien, c'est qu'il y a avantage pour le préparateur ou dans la rapidité d'exécution de la formule ou dans les bénéfices qu'elle produit. C'est ainsi que des pharmaciens prépareront leur vin de quinquina au Bordeaux par déplacement sans alcool pour économiser cette dernière substance et obtiendront un produit qui aigrit facilement, ou bien encore le feront avec de la teinture qui ne représente plus le même poids d'écorce; c'est ainsi que d'autres se garderont bien de faire le sirop anti-scorbutique par distillation. Je n'en finirais pas s'il fallait énumérer les exemples des faits analogues. Mais il faut avouer que certaines préparations bien faites seraient mal accueillies par le public et même par bon nombre de médecins; ainsi le sirop de gomme contenant la quantité de gomme que contient le codex sera refusé comme n'étant pas sucré. On arrive de même à azurer artificiellement certaines pastilles ou la pâte de guimauve ainsi que j'en ai déjà constaté plusieurs fois des exemples. On a un motif aussi sérieux qu'économique pour remplacer l'huile d'olives dans les huiles médicinales composées par de l'huile blanche, parce que l'huile d'olives serait sans cesse congelée dans la bouteille et que le client préfère un produit limpide. Ne voit-on pas des médecins préférer à l'huile de foie de morue pure une huile décolorée par le charbon et les alcalis (Soubeiran, t. I, p. 389) et qui a dû perdre presque toutes ses propriétés si on se rappelle le pouvoir absorbant du charbon. Mais ici je crois qu'on ne doit pas non plus tomber, comme le font beaucoup de médecins, dans les excês inverses, et dégoûter les malades en les forçant à avaler l'huile faite par fermentation des foies, produit nauséabond et très-différent de l'huile ambrée obtenue par expression.

Le désir d'obtenir l'aspect attrayant a conduit souvent des préparateurs à commettre de graves fautes et je n'en finirais pas s'il fallait traiter à fond ce sujet. C'est encore en sacrifiant la qualité au coup d'œil, et peut-être aussi par économie qu'on préfère la formule sparadrap du codex à celle des hôpitaux qui est beaucoup meilleure. J'ai cité il y a quelques années dans un journal de pharmacie un fait qui peut servir d'exemple à ce sujet. Il s'agit d'un acide tartrique qui contenait du cuivre ce qui lui donnait un reflet bleuâtre très-agréable à l'œil, car on sait que l'acide tartrique a l'inconvénient de jaunir ; pour éviter cette coloration on plaçait des lames de cuivre dans les solutions pour les faire cristalliser. On ajoute ainsi des matières colorantes au sirop de violettes, du blanc de baleine au cérat. Je me rappelle à ce sujet un cérat qui avait été non pas azuré avec une petite quantité de liqueur bleue, mais blanchi, avec du carbonate de potasse, si bien qu'une addition de calomel le rendit grisâtre parce qu'il était alcalin et que le calomel avait formé de l'oxyde noir de mercure. Je fus chargé d'examiner à quoi tenait cette couleur et je découvris la fraude. Une autre fois du cérat avait été blanchi avec l'eau de chaux et je constatai le même inconvénient en présence du calomel. La magnésie calcinée, elle-même qui a aussi été ajoutée au cérat produit le même inconvénient, mais très-lentement, à cause de sa faible alcalinite, de la petite proportion qui est soluble dans l'eau et de l'interposition des corps gras.

J'aurai à revenir plus tard sur l'action des intermédiaires dans les actions chimiques et je ferai remarquer ici que la magnésie qui en présence de l'eau verdit si bien le sirop de violetie et colore immédiatement le calomel, ne produit cette dernière réaction que lentement en interposant les corps gras, mais les donne néanmoins. C'est le désir de remplacer l'huile d'amandes par l'huile blanche ou d'ajouter beaucoup d'eau au cérat qui conduit à ces additions frauduleuses ; mais c'est aussi pour avoir un produit plus blanc qu'on le falsifie de diverses manières, car l'huile d'amandes donne un cérat plus beau que les autres huiles : on obvie donc au défaut de blancheur par d'autres procédés.

J'ai dit que les médecins eux-mêmes étaient coupables souvent de ces additions fâcheuses, tout le monde sait qu'une pommade à l'iodure de potassium jaunit si l'axonge est rance, c'est-à-dire acidifiée, mais il est impossible de l'empêcher de jaunir à l'air. J'ai vu souvent des médecins renvoyer une pommade semblable au pharmacien après quelques jours ; aussi beaucoup de préparateurs finissent-ils par ajouter un peu de carbonate alcalin à la pommade pour satisfaire le client et le médecin.

Il est certainement de ces choses que les ouvrages ne signalent pas et que la pratique pharmaceutique apprend seule. Aussi l'appréciation de certains médicaments n'est-elle possible au médecin que s'il a fait de la pharmacie pratique. Et cependant il n'est pas un pharmacien, si consciencieux qu'il soit, qui ne reçoive des médecins ces reproches que la connaissance des manipulations pharmaceutiques éviterait. Je crois que ces sciences, réputées accessoires, devraient, dans le cours des études médicales, être l'objet d'une étude spéciale. Loin de dédaigner la pharmacie, comme le font la plupart des médecins, on finirait par comprendre que son étude est nécessaire au médecin qui veut se permettre de composer des formules ou de juger celles qui sont généralement proposées ou acceptées. J'ai vu dernièrement un pharmacien qui recevait un reproche très-sévère devant un client parce qu'une pommade avec l'oxyde rouge de mercure et l'axonge était jaune ; le médecin prétendait qu'on avait remplacé l'oxyde de mercure par du minium. Il y a là un fait curieux, c'est que la trituration du précipité rouge dans le mortier l'échauffe et change sa couleur, surtout si l'on n'ajoute pas un corps intermédiaire, et on a ainsi une pommade d'autant plus jaune que la trituration a été faite avec plus de soin. Y a-t-il là un simple changement d'état, sans changement de composition : Je crois qu'un peu de mercure a été réduit. On voit, en effet, des stries noires et si la présence d'un corps gras favorise la réduction, l'élévation de la température produit encore cet effet d'une manière plus marquée. Selon moi, il y a certainement production d'un de ces états isomériques si bien étudiés, mais de plus la chaleur a provoqué une réduction d'une petite quantité de l'oxyde comme cela peut avoir lieu sous la seule influence de la lumière. C'est ce que prouve la présence de stries noires qui ne disparaissent pas. La couleur primitive rouge ne reparaît plus ; il reste une teinte jaune assombrie par une petite quantité d'oxyde noir ou plutôt de mercure métallique noir à l'état de division. De ce mélange d'oxyde rouge jauni par trituration avec la teinte noire grise qui a pris naissance sous le pilon, il résulte avec l'axonge une coloration brune ou jaune foncée selon les quantités d'oxyde métallique.

On sait que l'oxyde jaune a des réactions chimiques différentes de celles de l'oxyde rouge, bien qu'ils aient la même composition. Mais quand on chauffe l'oxyde de mercure à une température peu élevée, il prend une teinte brune presque noire puis revient à sa couleur primitive par le refroidissement; en élévant encore la température, il se décompose en oxygène et en mercure. Or, après la trituration, la teinte grise que nous avons signalée sous forme de stries sous le pilon ne disparaît pas ; je crois donc qu'il y a eu là plus qu'un changement d'état isomérique, car la couleur primitive n'est pas revenue; il a dû se produire une réduction partielle et la présence d'un corps gras ne peut qu'aider à cette réduction.

Je ne traiterai pas ici des incompatibilités si souvent méconnues des médecins dans leurs formules, je ne parle que des autes commises dans l'exécution, fautes dont le public ou les médecins peuvent être, sans le savoir, les instigateurs ou les complices.

J'avais préparé une fois, sur l'ordonnance d'un médecin, une potion avec le café noir et le sulfate de quinine acidifié. Cette potion, parfaitement limpide d'abord, se troubla comme etiedoclcadfte toujours arriver : Il se fait un préipité detanna quinine qui entraîne presque toute la matière colorante. Le médecin vint me trouver, me força à filtrer la potion malgré les explications que je lui donnai : sa fierté médicale ne lui permit pas de laisser corriger ses fautes par un jeune homme et le malade avala la liqueur filtrée qui ne contenait presque plus de quinine. La filtration peut ainsi être souvent nuisible en séparant des principes actifs (V. p. 125).

Je pourrais citer bien d'autres exemples analogues dans lesquels un médecin ne voulut pas convenir de son erreur et préféra avertir le malade de ne pas prendre le médicament aussi bien préparé que possible. Que de fois l'ignorance de la pharmacie conduit les médecins à faire des mélanges impossibles. Je ne ferai que citer des potions contenant à la fois de la gomme et du perchlorure de fér, de la gomme et de grandes quantités d'alcoolats, de la gomme adraganthe en même quantité que si c'était de la gomme arabique ; des acides associés au kermès ou au calomel, des loochs avec du calomel, etc.

Je ferai cependant à ce sujet quelques remarques. L'alcool précipite la gomme arabique, mais on peut introduire des alcoolats en assez grande quantité dans une solution de gomme sans précipiter la gomme, ou bien si elle est précipitée, elle se redissoudra facilement dans un excès d'eau ; il ne faut donc pas croire que j'interdise absolument les teintures ou les alcoolats dans les potions gommeuses. Quant au perchlorure de fer et à la gomme, il est certain que les sels de fer au maximum précipitent avec la gomme, mais j'ai fait à ce sujet une remarque intéressante, c'est que la précipitation peut être facilement empêchée en ajoutant un perchlorure de fer acide. On peut encore ajouter un peu d'acide acétique ou du sirop de vinaigre qui empêcheront le précipité. Les acides ne peuvent être nullement nuisibles dans ce cas, d'autant mieux qu'il n'est pas nécessaire d'en ajouter beaucoup et qu'ils sont le plus souvent utiles dans les hémorrhagies ; n'emploie-t-on pas fréquemment dans le même but les limonades, l'eau de Rabel et le perchlorure de fer. A ce sujet, j'attirerai l'attention des chimistes sur l'importance qu'il y a à se servir d'un persel de fer neutre dans la recherche des gommes tandis que le perchlorure de fer légèrement acide peut être plus utile que le neutre dans certaines formules. J'ajouterai que la solution de perchlorure de fer prétendue neutre ne se conserve pas, car, en présence de l'eau, ce sel s'acidifie spontanément et précipite l'oxydo-chlorure. Pour l'usage

externe je ne vois pas grand inconvénient à ce que le perchlorure de fer soit un peu acide ; l'acide favorise la coagulation de
l'albumine du sang et empêche l'action dissolvante secondaire
de l'albumine sur le peroxyde de fer. Je ne parle pas, bien entendu, de ce procédé défectueux qui consiste à employer de
grandes quantités de ce sel ; on ne doit s'en servir que le
moins possible et quand l'usage en a été décidé ; la charpie
qui en est imprégnée doit être bien exprimée ainsi que
MM. Nélaton et Panas ont toujours soin de le faire et on évite
ainsi des accidents que ce sel peut amener. Le caillot se forme
ainsi, pour ainsi dire, dans la charpie et jamais le sel ne
baigne les tissus ; c'est pour avoir méconnu ces faits qu'on a
vu des accidents de gangrène du vagin après tamponne-
ment (V. p. 137 et 140).

Du reste, l'acidité que je conseille peut être limitée aux cas
où le pansement peut être surveillé avec soin et on préférerait,
si l'on veut, le sel neutre dans les tamponnements faits dans
les cavités, le vagin, etc., bien qu'en exprimant la charpie il
n'y ait aucun inconvénient, même dans ce cas, avec un sel un
peu acide.

Je n'ai jamais parlé que d'une acidité très-faible et on a
beaucoup exagéré les inconvénients de ce sel un peu acide ; il
aurait plutôt fallu insister sur le danger de l'employer mal et
en trop grande quantité. Il est bien entendu qu'on n'emploie-
rait que le perchlorure de fer neutre en injections dans les
vaisseaux avec la seringue de Pravaz. Je crois qu'on emploie
ce sel beaucoup trop fréquemment, alors qu'une compression
bien faite suffirait à arrêter une hémorrhagie ; quant à ses
autres usages, on verra que bien souvent une légère acidité
n'aura pas tant d'inconvénients qu'on a bien voulu le dire.
J'ajouterai qu'on l'emploie aussi quelquefois comme hémos-
tatique en solutions trop concentrées.

J'ai parlé du fameux looch au calomel et des accidents qu'il
peut provoquer, je ferai encore à ce sujet une petite remarque
qui m'est personnelle. On cite dans tous les livres des accidents survenus en mélangeant un looch amygdalin l'émulsion
d'amandes avec un sel de mercure. Il y a formation d'essence
d'amandes amères, de glycose et d'acide cyanhydrique en
présence de l'amygdaline et de la synaptase sans parler de
l'eau et de l'acide formique signalés par Liebig et Woehler,

et dont M. Wurtz ne fait pas mention. Un cyanure peut prendre naissance en présence d'un sel métallique et des accidents ont été signalés dans ce cas. J'entends toujours citer cet exemple, et jamais on ne donne le moyen d'éviter les dangers ; il est pourtant bien simple, puisque l'essence n'est pas préformée. On conseille ordinairement de ne pas ajouter le sel mercure à une préparation cyanhydrique ; il faut généraliser cette loi et n'y introduire aucun sel métallique. Je me demandais aussi s'il ne fallait pas éviter les préparations iodées, car les iodures sont très-altérables et il suffit de certaines matières organiques, jouant le rôle d'acides, ou d'un bouchon de liége un peu altéré pour isoler l'iode de ses iodures alcalins. J'avais craint d'abord que l'acide cyanhydrique qui peut être considéré comme un cyanure d'hydrogène ne formât du cyanure d'iode, sel très-volatil et très-vénéneux, dont j'ai failli être victime en faisant des expériences sur les cyanures en présence de l'iode. Je me demandais si l'acide cyanhydrique ne pouvait pas donner naissance à de l'iodure de cyanogène avec l'iode, comme cela a lieu pour le cyanure de mercure et l'iode. Mais des expériences, dont M. le professeur Gautier a bien voulu me faire part, ont démontré qu'avec l'acide cyanhydrique et l'iode, la réaction ne peut pas se produire comme avec les cyanures, parce que l'acide iodhydrique et le cyanure d'iode régénéreraient de l'iode et de l'acide cyanhydrique (Voir page 138). Toutefois il n'en est pas moins vrai que l'iode, qui est si avide d'hydrogène et qui se combine si facilement avec certains métaux, forme avec l'acide cyanhydrique, comme avec le cyanure de potassium, des comblnaisons, car l'eau iodée est aussi bien décolorée par une solution d'acide cyanhydrique et même par l'eau de laurier-cerise, que par une solution de cyanure de potassium. J'ai refait cette expérience ces jours-ci, et on pourrait titrer une solution d'acide cyanhydrique avec une liqueur titrée d'iode. Je crois donc qu'il faut éviter l'association de l'acide cyanhydrique ou des cyanures avec l'iode ou les sels métalliques. Pour en revenir aux émulsions d'amandes qui contiennent de l'acide cyanhydrique, j'ajouterai une considération trop souvent ignorée, c'est que des amandes amères sont très-souvent mêlées aux amandes douces dans le commerce et qu'on finit par avoir ainsi beaucoup plus d'acide cyanhydrique qu'on ne le croit dans l'émulsion, puisqu'on y ajoute toujours des amandes amères pour la rendre agréable.

J'ai été frappé plus d'une fois de ce fait en triant des amandes et en préparant du sirop d'orgeat.

On peut cependant ajouter impunément dans un looch tous les sels qu'on voudra y introduire, il suffira de remplacer le looch amygdalin dans ce cas par le looch huileux.

L'huile dite d'amandes douces est faite aussi bien avec les amandes amères qu'avec les amandes douces, puisque l'essence n'est pas préformée et qu'on évite ainsi sa formation ainsi que celle de l'acide cyanyhdrique en se plaçant à l'abri de l'humidité. Avec l'émulsion de l'huile d'amandes extraite des amandes douces ou amères on se place donc à l'abri de tous les accidents puisqu'on n'a pas entraîné l'amygdaline dans la préparation de l'huile fixe par expression. Le fabricant est le premier intéressé à éviter l'humidité qui donnerait un goût et une odeur caractéristiques à un produit qu'il veut vendre sous le nom d'huile d'amandes douces.

L'utilité des connaissances chimiques et pharmaceutiques est incontestable pour le médecin qui veut se rendre compte des formules qu'il emploie. Je ne fais ici qu'effleurer la question ; que serait-ce si j'y entrais à fond. Je ne parle pas ici seulement des substances incompatibles au point de vue chimique, mais de celles qui ont une action physiologique inverse et qu'on associe cependant à chaque instant. Enfin, sans traiter des falsifications ou des altérations des médicaments, que de substances sont données au malade dans un état qui n'est pas celui qu'on pourrait souhaiter. Que de fois j'ai vu des malades avaler avec une répugnance que le médecin pouvait leur épargner, des médicaments qui pouvaient être administrés sous une autre forme ou séparément à quelques heures de distance.

J'ai montré tout à l'heure, à propos du café et du sulfate de quinine, que le changement de forme du médicament pouvait amener des conditions d'action différentes (V. p. 67): Le tannate de quinine qui se produit ici est moins actif que le sulfate. Si vous donnez du sulfate de quinine sous forme de solution acide, de poudre cristalline avec ou sans boisson acides, ou bien en pilules plus ou moins anciennes, vous n'obtiendrez évidemment pas les mêmes effets ; au moins n'aura-t-on pas toujours la même rapidité d'action. L'estomac pourra tolérer mal des solutions trop acides faites avec l'acide sulfurique, aussi je crois toujours que c'est avec de l'eau de Rabel qu'on devrait dissoudre le sulfate de quinine ; il y a pour cela deux raisons. La première, c'est que si l'élève pharmacien laisse tomber quelques gouttes malgré lui, ce qui arrive quelquefois, il pourra y avoir de grands inconvénients avec l'acide sulfurique pur, tandis qu'avec l'eau de Rabel il faut plus de quatre gouttes de liquide pour en valoir une d'acide en tenant compte des densités. La seconde raison, c'est que, même en tenant compte de la quantité d'acide pur contenu dans l'eau de Rabel, il faut bien moins d'acide à cet état pour dissoudre le sel, parce que l'alcool intervient aussi comme dissolvant.

Je puis citer une expérience que tout le monde pourra répéter. Avec 20 gouttes d'eau de Rabel vous dissoudrez facilement 1 gramme de sulfate de quinine. Or ces 20 gouttes équivalent tout au plus à 4 ou 5 gouttes d'acide pur, et avec cette quantité d'acide pur non alcoolisé, jamais vous ne dissoudrez le même poids de sulfate de quinine. Il faut au moins 8 à 10 gouttes d'acide pour obtenir la solution, et cette quantité répond à 40 ou 50 gouttes d'eau de Rabel.

Je ferai remarquer que le sel de quinine ne se dissout bien que s'il a été divisé avec une carte, et qu'il est utile d'employer de l'eau de Rabel qui ne soit pas trop ancienne, parce qu'il se fait avec le temps un commencement d'éthérification et de l'acide sulfovinique, et que le pouvoir dissolvant m'a paru alors moins considérable. J'ai vu plus d'une fois des solutions trop acides parce qu'on les avait préparées avec l'acide pur, c'est ainsi que les causes d'erreur se multiplient, tandis qu'elles se réduisent à fort peu de chose avec l'acide alcoolisé. On pourrait m'objecter que l'acide sulfurique, qui est si dense, donne habituellement des gouttes assez petites, puisque les 20 gouttes ne pèsent que 0,700 milligr. avec le compte gouttes qui donne 20 gouttes au gramme d'eau distillée. Mais les gouttes d'eau de Rabel ne sont pas bien volumineuses et n'entraînent pas beaucoup d'acide, puisqu'à ce même compte de gouttes les 20 gouttes d'eau de Rabel ne pèsent que 0,360 milligr., alors que l'alcool à 90° donne 0,335 milligr. pour le poids des 20 gouttes.

Je touche là à une cause d'erreurs considérables, celle des compte-gouttes, et je dois dire quelques mots sur ce sujet Mais j'affirme dès à présent que l'évaluation des médicaments par gouttes repose sur des données très-erronées. Je me suis livré à une foule d'expériences à ce sujet, et il est facile de constater que tout ce qui a été fait reste en dehors des faits pratiques. Vous n'astreindrez jamais un élève en pharmacie à se servir d'un compte-gouttes pour chaque substance; un compte-gouttes qui sert au laudanum ne peut pas servir à l'acide sulfurique; le tube effilé ne se nettoie pas facilement, et même il s'obstrue lorsqu'on s'en sert pour des substances qui se troublent ou se dessèchent. Faudrait-il tenir les flacons débouchés pour y laisser un compte-gouttes immergé? Vous ne trouverez pas un pharmacien sur dix qui s'astreigne à se servir de ces instruments. Qu'arrive-t-il? Pour avoir pris un point de départ impossible, on en vient à fausser tous les résultats. Quel est ce compte-gouttes qui donne tous les chiffres notés dans le Codex avec les 20 gouttes d'eau au gramme? où le vend-on? C'est le plus souvent un mythe et personne ne s'en sert.

L'usage de cet instrument se limite à quelques clients aisés auxquels on le donne pour employer de la liqueur de Fowler; le plus souvent on compte les gouttes comme on peut.

Or rien n'est plus variable selon qu'on se sert de divers instruments ou de différents flacons. J'en ai fait bien des fois l'expérience, et tout le monde pourra se convaincre des chiffres variés qu'on obtient selon les médicaments et selon les flacons qui les contiennent. Des médicaments très-denses, comme le chloroforme, donnent des gouttes très-petites; d'autres donnent des gouttes plus grosses; les listes que nous trouvons dans le Codex et dans les divers ouvrages ne s'accordent pas. M. Réveil et M. Bouchardat donnent des chiffres qui ne concordent pas avec ceux du Codex. J'avais commencé à faire moi-même un tableau, et j'y ai renoncé. Mais je trouve en général les chiffres du Codex beaucoup trop faibles. Entre M. Bouchardat et le Codex il existe souvent des différences de près d'un tiers, et pour ma part je suis convaincu que les chiffres du Codex sont beaucoup trop petits.

Si les appréciations variables tiennent aux difficultés de

trouver l'instrument typique, si d'autre part cet instrument une fois trouvé ne peut convenir dans les officines aux exigences du service, il arrive que tout le monde dit qu'il se sert du compte-gouttes, mais que personne n'en fait usage.

Les points de vue théoriques sont assurément fort beaux, mais c'est avec la pratique qu'il faut compter. 20 gouttes de laudanum de Sydenham représentent-elles 0,75 centigr., comme le dit M. Bouchardat, ou 0,588 milligr., comme le dit le Codex, et je signale des différences analogues pour l'acide sulfurique, le laudanum de Rousseau, l'éther, les alcoolats, l'huile de croton.

Pour le laudanum, les teintures, j'ai pu me convaincre d'un fait que je n'ai pas vu noté. M. Personne a bien montré comment la digitale abandonnait des quantités différentes de principes solubles selon le degré de l'alcool employé. J'ajouterai qu'il y a aussi des différences tenant à ce qu'on emploie plus ou moins de fragments de tiges ou de pétioles au lieu de feuilles, car le pharmacien n'emploie pas souvent les plantes mondées pour les teintures, et il y fait passer des débris. Le lieu de végétation, l'époque de la récolte font varier beaucoup la nature des principes contenus dans les plantes.

M. Chevallier cite toujours à ce sujet un essai de culture de canne à sucre, au jardin du Muséum, à la suite duquel la plante contenait plus de nitrate de potasse que de sucre, parce qu'un amas de fumier se trouvait placé derrière le mur auprès duquel l'essai de culture avait été fait.

De plus, le produit obtenu varie de densité selon que l'expression a été faite à la presse ou avec les mains, selon qu'on a employé le procédé ordinaire ou le déplacement.

Bien que le rapport entre le poids des gouttes et leur densité soit inexact, il y a aussi de grandes différences entre le poids des 20 gouttes de laudanum et de certaines teintures exprimées à la presse ou à la main, ou simplement jetées sur un filtre en y versant de l'alcool pour déplacer le liquide qui imprègne la plante.

Pour s'en convaincre, il suffit d'examiner le liquide qui sort d'une presse où l'on a exprimé du laudanum de Sydenham, à la fin de l'opération.

S'il y a donc tant de difficultés à apprécier les gouttes, on comprend combien on est loin de l'appréciation de certains médecins qui comptent presque toutes les substances comme si les 20 gouttes pesaient approximativement le gramme. J'ai vu un médecin qui arriva ainsi à son insu à faire prendre près de 60 gouttes de teinture de digitale par cuillerée d'une potion dans laquelle cette substance était comptée par grammes.

Comment donc obvier à cet inconvénient du compte-gouttes, qui n'est jamais accepté par les malades pauvres, parce que le prix des médicaments leur paraît déjà assez élevé. Il ne sera jamais employé par les pharmaciens, parce qu'il en faudrait un pour chaque liquide, qu'il cesserait souvent de bien fonctionner au bout de peu de temps, et que l'habitude invétérée de compter les gouttes avec le bouchon du flacon prévaudra toujours.

Pour vouloir imaginer un instrument parfait, on s'éloigne autant qu'il est possible de la perfection. Je crois qu'il vaudrait beaucoup mieux faire un flacon à l'émeri, aussi simple et aussi bon marché que possible, d'une contenance convenue, qui fût moulé et eût une embouchure d'une forme et d'un diamètre bien définis et réglementaires, avec un bouchon d'une hauteur acceptée par tous et dont le calibre serait mesuré avec soin.

On aurait ainsi un moyen régulier de compter les gouttes, et quand même le flacon duquel je parle ne donnerait pas 20 gouttes d'eau au gramme, on saurait exactement ce qu'il donne, et le tableau dressé serait régulier.

Il semble que je substitue un inconvénient à un autre, mais il n'en est rien ; car ce qui rendra toujours le compte-gouttes peu usuel, c'est qu'il est un instrument à part qu'il faut avoir indépendamment du vase qui renferme le médicament ; avec mon moyen, au contraire, on a dans la main tout à la fois le compte-gouttes, le vase et le médicament, et on pourrait facilement contraindre le pharmacien à mettre le laudanum, la liqueur de Fowler, l'huile de croton et les substances les plus actives dans des flacons d'un modèle reçu, qui ne coûteraient guère plus cher que les autres, puisqu'ils seraient facilement moulés. Pour l'usage interne, mieux vaut ne confier les médicaments actifs au malade qu'après les avoir dilués.

Ce que j'ai dit des compte-gouttes, je le répéterai à propos de la seringue de Pravaz. Celle de M. Luër est sujette à moins de causes d'erreur, et on peut en vérifier plus facilement la précision ; mais j'engage les médecins à bien s'assurer du nombre de gouttes que contient le corps de pompe de leur seringue. J'ai fait aussi des expériences à ce sujet, et j'ai constaté de très-grandes différences, selon l'ajutage, entre le nombre et le volume des gouttes qui sortent au moment de l'injection et le chiffre réel des gouttes qui représentent la solution titrée à 20 gouttes au gramme.

J'ai appelé tout à l'heure l'attention des médecins sur l'importance de la forme médicamenteuse. Ainsi les pilules, lorsqu'elles sont anciennes, peuvent ne pas être solubles. M. Bucquoy et M. Barth ont vu ainsi dans des nécropsies des pilules arrivées dans le gros intestin sans avoir subi ancune action dissolvante des sucs qu'elles avaient rencontrés.

Beaucoup de pharmaciens préparent d'avance des pilules pour les avoir plus belles et s'éviter la peine et le travail au moment du besoin. On peut être très-pressé lorsque vient l'ordonnance à exécuter, et on est content d'avoir ainsi une préparation toute faite. Les clients et les médecins s'habituent eux-mêmes à voir ainsi des formules exécutées d'avance pendant les loisirs de l'officine. Mais bon nombre de médicaments s'altèrent ; ainsi des solutions titrées se décomposent, il s'y développe des mucédinées ou des algues, les pilules durcissent et ne peuvent plus se dissoudre.

C'est ainsi que les premières capsules médicamenteuses devenaient dures et insolubles à l'époque où mon père proposa l'addition du sucre à la gélatine et imagina une enveloppe dont la composition rappelle celle de la pâte de jujube. Aussi les prépare-t-on presque toutes depuis ce temps par son procédé et avec la formule qu'il a donnée (V. p. 157 et 158).

Mais la préparation des pilules d'avance a un autre inconvénient, c'est qu'elle peut amener dans l'idée d'un élève peu consciencieux la pensée de les substituer à d'autres à peu près équivalentes inscrites sur une formule.

Si je me permets cette appréciation qui est presque une accusation, je dois dire qu'elle ne doit pas blesser le corps pharmaceutique, car les pharmaciens ne préparent pas eux-mêmes tout ce qui sort de leurs officines. Non-seulement la pénurie d'élèves fait élever à cette dignité des jeunes gens qui ne seront jamais pharmaciens ni même étudiants, mais bon nombre d'officines sont gérées par des personnes qui sont placées dans les mêmes conditions et sous la sauvegarde d'un prête-nom, qui s'absente souvent.

Malgré les rigueurs de la loi, cette manière de faire persiste dans certains quartiers où la vogue et le bon marché attirent la clientèle, et la pharmacie envisagée d'une manière générale ne présente pas toujours les garanties que nous serions en droit d'exiger d'elle.

Dans beaucoup d'officines on fait d'avance une foule de solutions titrées, de sels ou d'alcaloïdes, des pilules purgatives, des pilules d'opium, de cynoglosse, de quinine, de Méglin, etc. C'est déjà bien assez que certaines réactions se produisent dans des préparations qu'on est forcé d'avoir toutes faites.

J'ai cité les pilules de Méglin; elles deviennent dures par suite d'une combinaison entre l'oxyde de zinc et certains principes de la valériane. La masse durcit à ce point que j'ai vu les extraits mous mêlés à l'oxyde de zinc donner en quelques jours un mélange très-dur. Il se produit un sel à base de zinc avec la matière résineuse signalée dans la plante. De plus, si l'essence de valériane contient déjà, selon M. Guibourt, de l'acide valérianique, opinion qui n'est pas partagée par M. Gerhardt, elle renferme du valérol : $C^{12}H^{10}O^2$, qui peut donner naissance à cet acide.

La plante a été assez exposée à l'air pendant la préparation de l'extrait; or le valérol $C^{12}H^{10}O^2$, en présence de 6 équivalents d'oxygène, donnera de l'acide valérianique : $C^{12}H^{10}O^2 + 6O = 2(CO^2) + C^{10}H^{10}O^4$.

Ce valérol, qu'il ne faut pas confondre avec le valéral ou aldéhyde valérique $= C^{10}H^{10}O^2$, donne avec les alcalis hydratés, du valérianate, du carbonate et de l'hydrogène qui se dégage $C^{12}H^{10}O^2 + 6(HO) = C^{10}H^{10}O^4 + 2(CO^2) + 6H$, ou, si l'on veut, $C^{12}H^{10}O^2 + 5(HO) + 3(MO) = C^{10}H^9O^3$, MO + 2 $(CO^2MO) + 6H$.

Les corps oxydants ou les alcalis hydratés donnent donc naissance à l'acide valérianique en présence du valérol, de l'essence de valériane. C'est ce qui a lieu avec le temps dans les pilules de Méglin. Pour ce qui est de la matière résineuse, assurément il existe des différences dans les quantités contenues dans les extraits hydro-alcooliques ou aqueux ; mais ce serait une erreur de croire, comme on pourrait le faire *a priori*, que les extraits aqueux faits avec les plantes résineuses ne contiennent pas de résine entraînée mécaniquement.

Et je ne parle pas ici de l'extractif oxygéné, apothème de Berzelius, qui se sépare pendant la préparation des extraits et qui peut se combiner à divers principes actifs, ainsi que cela a été vu pour l'opium, le quinquina, la salsepareille, le polygala.

Dans la préparation des pilules, les substances se décomposent souvent réciproquement : par exemple dans les pilules de Dupuytren ; malgré l'affirmation de M. Mialhe, qui dit s'être assuré que le sublimé s'y conserve intact (Soubeiran, t. II, p. 466), je suis convaincu avec M. Mouvenon qu'il y a réduction du bichlorure avec le temps.

Ce fait est important, car on sait quelle différence immense existe entre l'action des persels ou des protosels de mercure ou du mercure métallique et combien ces derniers amènent facilement la salivation. Mais si l'action réductrice ne se produit qu'au bout d'un certain temps, elle est beaucoup plus rapide dans beaucoup de cas.

J'indiquerai plus tard, si j'en ai le loisir, quels sont les moyens d'éviter ou de favoriser ces altérations dans les diverses formes de médicaments. Je dirai seulement ici que le sublimé étant bien broyé avec des extraits liquides se décomposera bien plus facilement que s'il est ajouté à la masse, préparée déjà en consistance pilulaire.

Il est certain que beaucoup de substances incorporées dans des pilules peuvent se décomposer mutuellement, mais cette décomposition sera retardée si l'on ne mélange pas le produit dont on craint l'altération à la masse liquide. Je donnerai un conseil analogue pour les pilules d'azotate d'argent. Évitez l'association de substances pouvant décomposer le sel, ainsi pour le nitrate d'argent n'employez pas, comme on le fait souvent, de la mie de pain, si riche en chlorures, pour faire la masse, et de plus ne broyez pas ces substances trop liquides, l'eau facilitant toujours ces réactions.

Mais je dois de plus parler d'une autre précaution qu'on

n'indique pas aux élèves dans les livres et qui, faute d'être observée, conduit à une altération immédiate du médicament. Je veux parler du choix du mortier, du pilon et de la spatule ou du couteau qui servent à la préparation. Je demande pardon d'entrer dans tous ces détails presque culinaires, mais il n'est pas de petite précaution qui ne puisse avoir de grands résultats.

J'ai vu plus d'une fois des élèves se servir de mortiers ou de pilons, de couteaux ou de spatules métalliques qui pouvaient à eux seuls altérer les préparations; et ce que je dis s'applique non-seulement aux pilules, mais à beaucoup d'autres préparations, solutions de sels divers ou d'extraits.

Le fer altère ainsi le diascordium en faisant de l'encre avec le tannin des plantes qu'il contient. Que de fois j'ai vu une spatule de ce métal tachée par une solution d'extrait. Il est évident qu'un sel de mercure, d'or, d'argent, de cuivre, soit en solution, soit en pilules, sera décomposé par le contact du fer.

On sait qu'un certain nombre de pharmaciens conseillent même à leurs élèves de faire les masses pilulaires d'un petit volume sur une plaque de verre avec une spatule, et le but qu'ils se proposent est de perdre moins de substance, c'est-à-dire d'empêcher cette perte qu'on évite difficilement, en faisant usage du mortier.

Jugez de la décomposition facile qu'éprouvera un des sels que je viens de citer tout à l'heure au contact d'une lame d'un métal comme le fer, plus oxydable que lui, c'est-à-dire appartenant à une section plus voisine des bases alcalines ou terreuses proprement dites.

Puisque j'ai parlé des pilules au sublimé, je dois dire un mot des sirops composés dans lesquels on fait entrer des sels d'or ou de mercure.

On a souvent ajouté le chlorure d'or ou le bichlorure de mercure au sirop de Cuisinier, et il est incontestable que cette préparation est mauvaise; on réduit ainsi le sublimé ou le sel d'or, et cela d'autant plus facilement que la température est plus élevée.

Il n'est pas rare qu'un sirop composé ait besoin d'être chauffé, parce qu'il fermente facilement, et on augmente encore ainsi la rapidité de la décomposition. Toutefois, elle aurait lieu même à froid dans un temps donné avec les sirops chargés de sucs de plantes ou d'extraits, et il se forme d'abord du protochlorure de mercure, puis du mercure métallique ; cette réduction, sur laquelle j'ai déjà insisté, me paraît avoir une importance thérapeutique réelle, en raison des différences qu'on peut obtenir dans les effets produits. On devra donc s'abstenir de ces formules compliquées dans lesquelles on réunit les extraits dits dépuratifs au bichlorure de mercure.

Certaines décompositions ont été, au contraire, recherchées : je veux parler des composés de matières albuminoïdes et d'oxyde de mercure. Je ferai remarquer à ce sujet un fait sur lequel l'attention des praticiens a besoin d'être appelée, parce qu'il est important au double point de vue de la toxicologie et de la thérapeutique. L'albumine précipite les sels de cuivre et les sels de mercure; mais, tandis qu'avec les sels de cuivre le précipité d'albuminate est insoluble dans un excès d'albumine; celui obtenu avec les sels de mercure est soluble dans un excès d'albumine, surtout en présence des chlorures alcalins. On comprend donc que l'albumine pourra être donnée sans mesure dans les empoisonnements par les sels ce cuivre et non pas dans l'empoisonnement par le sublimé. Il est difficile de proportionner la quantité de contre-poison à la quantité du poison, et je crois qu'on doit rejeter, en pareil cas, toute substance comme l'iodure de potassium ou l'albumine qui, ajoutée en excès, redissout le précipité qu'elle avait formé d'abord.

La combinaison de l'oxyde de mercure étant soluble dans un excès d'albumine, on peut utiliser ce fait lorsque la dose du mercure est restée dans les limites thérapeutiques, mais on pourra trouver dans cette réaction un grave danger lorsqu'on a affaire à des doses trop fortes ou toxiques. C'est le même fait qui se produit en présence des chlorures, bromures et iodures alcalins lorsqu'ils sont en excès par rapport à un sel de mercure, et il y a là des faits qu'on ne distingue pas suffisamment. Le traitement mercuriel mixte rend assurément de grands services dans certains cas; il en est de même de l'iodohydrargyrate d'iodure de potassium qui peut-être très-utile : en employant ce dernier sel à une dose déterminée, on sait parfaitement la quantité de mercure qu'on donne à l'état soluble. Si l'on emploie au contraire des pilules de proto-iodure de mercure ou du sublimé ou du calomel d'une part et de l'iodure de potassium dans l'intervalle, on doit avoir soin de ne formuler que de faibles doses de sel mercuriel.

Il arrive souvent que des médecins comprennent mal le traitement mixte et ordonnent le sel mercuriel aux mêmes doses que s'ils ne faisaient pas prendre d'iodure de potassium à leur malade.

Ils font prendre des pilules de proto-iodure de mercure en même temps qu'une solution d'iodure de potassium.

J'ai vu se produire ainsi la salivation et divers accidents dus à une saturation mercurielle et à l'effort éliminateur de la nature. Lorsqu'on veut employer le traitement mixte et qu'on ne donne pas le sel double tout préparé et à doses définies, il faut penser à baisser la dose du sel mercuriel, parce que les iodures, les bromures ou les chlorures alcalins, surtout en présence des matières organiques, augmentent l'action d'un sel de mercure en le transformant en un sel double très-actif; à plus forte raison si l'on a affaire à un sel comme le proto-iodure de mercure, qu'on donne à des doses assez élevées. On fait éviter les aliments salés, mais on tombe dans le même inconvénient en administrant en même temps les pilules mercurielles de M. Ricord et l'iodure de potassium. Je n'ai pas besoin de revenir ici sur le rôle des matières organiques et en particulier des substances albuminoïdes. Quant à l'iodure de potassium, il a une double action : la première, chimique, que je viens d'expliquer, et la seconde, physiologique. L'iodure de potassium s'élimine par diverses sécrétions, et chez certaines personnes, son élimination par la salive est très-considérable.

Une personne à laquelle j'avais donné 50 centigr. de ce sel par vingt-quatre heures, en deux fois, a présenté, après deux jours, les accidents d'iodisme aigu les plus complets, céphalalgie, coryza, larmoiement, œdème des paupières s'étendant même à la face, à ce point qu'un médecin appelé en mon absence, crut à un érysipèle commençant.

L'élimination se fait très-vite par les urines et j'ai vu l'iode y apparaître après huit ou dix minutes chez des personnes soumises pour la première fois à l'usage du médicament ; j'ai fait ces essais lorsque le sujet était à jeun, et j'ai soin de noter cette condition, me conformant en cela aux observations d'Erichsen. Chez d'autres malades, c'est surtout par la salive, les larmes ou le mucus nasal que l'élimination se fait; c'est là une particularité individuelle, puisque je ne vois pas de raison pour admettre un obstacle momentané ou permanent à l'élimination par les voies urinaires dans les cas que j'ai étudiés.

Je crois pouvoir admettre que l'éréthysme vasculaire, la suractivité de circulation, qui accompagnent cette élimination rapide de l'iodure de potassium, sont des phénomènes qui favorisent aussi l'élimination rapide du mercure lorsqu'il est donné en même temps que l'iode, et j'explique ainsi les accidents que j'ai signalés durant l'administration du mercure avec l'iodure de potassium.

J'ai donné une raison chimique et une raison physiologique à l'exagération d'action du mercure dans ce cas; je crois qu'il est entraîné trop brusquement dans les sécrétions et agit trop énergiquement lorsqu'il est donné avec l'iodure de potassium. Il faut bien entendu tenir compte pour les accidents de la surveillance attentive des fonctions de la peau ainsi que cela a été observé, et tout avait été bien surveillé de ce côté chez les malades que j'ai cités. Du reste, pour ce qui est du proto-iodure de mercure, son emploi me paraît devoir être limité à des cas particuliers : on a fini par l'employer presque à l'exclusion des autres préparations mercurielles; mais assurément aucune ne vaut le sublimé : il présente les meilleures conditions de sûreté, d'action, de stabilité. Avec le proto-iodure de mercure, rien de semblable n'existe, c'est un sel le plus souvent impur, qui selon les formules employées contient ou un excès de mercure ou du bi-iodure; quant au lavage à l'alcool qu'on recommande, je me suis assuré qu'il n'est le plus souvent pas fait ou qu'il est mal fait. Il y a à cela une raison, c'est que ce sel, perdant facilement sa couleur verte et passant au jaune à la lumière, on comprend qu'on soit peu tenté de l'y exposer longtemps, les lavages prolongeraient encore ses causes d'altération. Je parle, bien entendu, du sel obtenu par trituration dans le mortier, puisque celui qui est fait par précipitation est encore plus impur. En général, tous les protosels de mercure tendent à se transformer en persels et en mercure métallique, il faut donc peu compter sur l'identité de leur action dans tous les cas, parce qu'à notre insu le malade pourra prendre des boissons ou des aliments salés ou acides qui pourront en modifier beaucoup l'action. Je puis affirmer avoir été témoin d'accidents de cette nature, dans deux cas où le calomel, examiné par moi, ne contenait pas de traces de bichlorure que l'alcool ou l'éther aient pu lui enlever. Un empoisonnement s'est produit, il y a un an ou deux, avec une dose ordinaire de calomel, mélangée la veille au soir avec une confiture acide, et pourtant des médecins continuent à prescrire ainsi le calomel. J'ai vu des accidents se produire par suite de l'ingestion de limonade conseillée au malade pour faciliter l'effet d'une purgation au calomel, et je suis certain de la pureté du calomel avalé par le malade, car je l'ai essayé.

J'ai parlé tout à l'heure de l'altération subie par le protoiodure de mercure à l'air et à la lumière, je ferai en passant une réflexion qui prouve combien l'habitude invétérée rend difficiles les réformes les plus simples.

On sait que les rayons violets du spectre sont ceux qui agissent le plus énergiquement sur les sels d'argent, on n'ignore pas que l'action va en diminuant pour les rayons bleus et qu'elle est sensiblement nulle dans le jaune, le jaune orangé et le rouge, et on continue à se servir de vases en verres bleu et souvent même d'un bleu violacé pour contenir les solutions de sels d'argent. Il serait cependant bien facile d'avoir des flacons jaunes ou rouges ; il est vrai que l'habitude est telle que des personnes pourraient trouver étonnant l'emploi de pareils vases (V. p. 147 et 165).

L'administration des hôpitaux n'a jamais pu fournir de flacons à l'émeri pour les solutions les plus altérables au contact du liége. Le bouchon de liége est lui-même un objet de luxe dans les hôpitaux, même lorsqu'il s'agit de substances volatiles. J'ai vu, il y a quelques années, une dame qui avait la sclérotique incrustée d'argent métallique réduit ; cette teinte noire qui la préoccupait beaucoup était due à une solution de nitrate d'argent altérée par le contact du liége, et cependant ce n'était pas dans les hôpitaux, mais bien dans une pharmacie de Paris qu'elle avait fait préparer ce collyre. Qu'on me pardonne cette digression et je reviens à l'étude de ces décompositions qui se produisent, soit dans l'économie, soit dans la préparation même des médicaments et qui peuvent en changer l'action.

J'ai parlé de l'action de l'albumine sur les sels de mercure et de cuivre, et c'est à ce sujet que l'action dissolvante de l'albumine m'a conduit à parler des chlorures, bromures et iodures alcalins. Si l'albumine en excès redissout le précipité albumino-hydrargyrique, comment cette dissolution ne serait-elle pas facilitée dans un liquide albumineux comme le sang et en présence des mucus, sans parler ici des quantités d'albumine ingérée comme contre-poison, et cependant Orfila a proposé l'albumine comme antidote du sublimé corrosif. J'ai cité ici le mucus, ce n'est pas que je prétende confondre la mucosine et l'albumine, pas plus que l'albumine du sang ne doit être confondue avec l'albumine de l'œuf : M. Robin a trop bien distingué la sérine, l'albumine d'œuf, la mucosine. Mais ces substances ont des caractères communs; ainsi la sérine et l'albumine d'œuf ont une action analogue sur les sels de cuivre que la recherche de l'albumine et du sucre dans les urines albumineuses a mise en lumière. On a souvent calculé l'action des médicaments sans faire entrer en compte la présence des matières organiques telles que l'albumine, l'acide tartrique, l'acide citrique, les tartrate et citrate d'ammoniaque.

Ainsi la précipitation du fer de ses sels par les différents réactifs est empêchée par ces substances. On comprend donc que de réactions ont pu être calculées faussement autrefois et quelles différences existent entre les réactions des sels de fer à acide organique ou acide minéral ou entre les décompositions qui se produisent dans un tube ou dans l'organisme.

Qu'on me permette de m'étendre un peu sur ce sujet que j'ai cherché à étudier avec tout le soin possible et qui me paraît utile à connaître au point de vue des déductions qu'on peut en tirer.

J'ai déjà signalé la différence d'action de l'albumine sur les sels de cuivre et de mercure. J'ai dit que les sels de cuivre étaient précipités par l'albumine et qu'on pouvait tirer partie de cette action dans les empoisonnements par le cuivre plutôt que dans ceux dus aux sels de mercure. Le but est en général de produire un précipité insoluble dans les empoisonnements; je dois dire cependant qu'il y a là à distinguer deux périodes qu'on ne sépare pas assez. La première est celle dans laquelle on doit se préoccuper de l'expulsion du poison avalé, soit en provoquant le vomissement, soit en neutralisant chimiquement, si faire se peut, la substance toxique ; la seconde, dans laquelle il n'y a plus guère à compter sur les agents chimiques, puisque le médicament est absorbé.

La première période pourrait être appelée chimique, soit au point de vue des lésions qu'elle produit quand il s'agit des poisons corrosifs acides ou alcalins, soit au point de vue de la possibilité d'administrer le contre-poison; elle a une durée variable selon la nature du poison ingéré. La seconde période est physiologique et elle commence avec l'absorption du poison : on peut encore alors arriver à modifier l'état d'une muqueuse altérée, par exemple dans le cas où des agents corrosifs se sont combinés intimement avec les tissus, ce qui arrive pour certaines eschares, mais on doit alors chercher surtout à combattre l'action physiologique du poison. Les chimistes sont souvent trop préoccupés de la première période et pas assez de la seconde, les physiologistes ne s'occupent guère que de la seconde et négligent la première.

J'ai vu des médecins appelés dans un empoisonnement tout récent par l'opium ne pas chercher à faire rejeter le poison et ne porter leur attention qu'à combattre l'opium par la belladone.

Les injections d'atropine ont été poussées si loin dans un cas, que je me demandais si c'était à l'effet de la belladone ou de l'opium que succombait le malade ; car il me paraît souvent difficile de combattre un poison énergique par un poison aussi actif, d'en graduer convenablement les doses et d'être sûr de ne pas les dépasser. Des chimistes tombent dans la même faute lorsqu'ils donnent de la limonade sulfurique à un homme atteint d'accidents saturnins anciens, ainsi que je l'ai vu plus d'une fois, alors que l'acide ingéré ne peut plus rencontrer d'oxyde de plomb, à moins d'aller le chercher pour s'y combiner dans la profondeur des organes, ce qui est impossible. Les sels de plomb peuvent contracter des combinaisons avec les matières organiques; tout le monde sait que le sucre et les substances albuminoïdes se combinent avec les sels de plomb ou l'oxyde de plomb, et c'est là le motif qui fait employer le sous-acétate de plomb pour clarifier certaines liqueurs et précipiter des urines les matières albuminoïdes qu'elles contiennent. Le sucre, au contraire, dissout l'oxyde de plomb. Quant aux sels de cuivre, je résumerai en quelques mots les expériences que j'ai répétées plusieurs fois. L'albumine précipite une solution de sulfate de cuivre, le précipité formé est insoluble dans un excès d'albumine, ce qui permet de l'utiliser sans crainte dans l'empoisonnement par un sel de cuivre, mais il ne faut pas oublier l'action des alcalis. Ainsi le précipité obtenu est soluble en présence de la potasse caustique, et on obtient alors cette coloration violette si connue des chimistes, mais cela n'a lieu qu'avec une liqueur alcaline.

Il y a tout avantage à employer pour précipiter un sel de cuivre neutre, non pas une eau albumineuse diluée, mais de l'albumine à l'état de concentration.

On n'oubliera pas que les sels neutres de bioxyde de cuivre rougissent le tournesol, c'est-à-dire présentent plutôt une réaction acide qu'alcaline. En présence de l'acide tartrique, ils cessent d'être précipités par la potasse. Nous venons de voir l'action de l'albumine qui, en présence de la potasse caustique redissout le précipité formé avec le sulfate de cuivre. Le sucre, ajouté au sulfate de cuivre, l'empêche difficilement d'être précipité par la potasse; cependant il retient une certaine quantité de cuivre en dissolution.

Le sucre ou l'albumine, ajoutés à une liqueur contenant de l'oxyde de cuivre hydraté qui vient d'y être précipité par la potasse redissolvent ce précipité. Enfin, si l'on ajoute de la potasse, non plus à du sulfate de cuivre, mais à de l'albumine ou à une solution de sucre, on obtient un sucrate ou un albuminate qui dissolvent facilement l'oxyde de cuivre hydraté, car le sucre ou l'albumine additionnés de potasse empêchent la précipitation du sulfate de cuivre ou plutôt retiennent en dissolution le précipité.

Il se fait donc de l'albuminate double de cuivre et de potasse ou du sucrate de cuivre et de potasse très-soluble. Avec l'albumine et l'oxyde de cuivre hydraté dissous en présence des alcalis on a une coloration bleue violacée dont nous avons déjà parlé. Avec le sucre dans les mêmes conditions, la coloration est franchement bleue. On voit quelle importance a l'intervention des matières organiques dans les réactions chimiques et combien seraient faux les raisonnements qui n'auraient en vue que les divers réactifs chimiques indépendamment des matières organiques.

Je n'ai pas besoin de dire qu'avec le miel, le glycose, on aurait en présence de l'oxyde de cuivre récemment précipité et de la potasse une réduction du cuivre à l'état d'oxydule, ce qui constitue le procédé de Trommer. C'est en étudiant ainsi l'action des matières organiques sur les sels métalliques que je fus conduit à un autre ordre de recherches, et lorsque M. le Dr Dumontpallier signala l'action de l'iode sur les urines sucrées, je fus le premier à lui signaler l'action de certaines urines non sucrées sur la teinture d'iode. J'obtins devant lui une décoloration de cette teinture avec des urines manifestement privées de sucre.

En rentrant chez moi, je cherchai à extraire, d'urines douées de cette action décolorante leurs divers éléments et je les mis en contact avec la teinture d'iode. J'acquis la conviction que l'acide urique était un agent de décoloration ; aussi n'ai-je pas été peu surpris de voir l'auteur de cette découverte la lancer quand même dans les journaux scientifiques lorsque je l'avais averti d'avance des objections qu'il rencontrerait.

Rien n'avait encore été publié jusqu'alors sur ce sujet, et l'obscurité de mon nom peut seule expliquer le peu de confiance qu'inspira mon affirmation, bien qu'elle fût appuyée par des expériences probantes. J'ai fait une étude minutieuse de la chimie appliquée à la médecine et en particulier à l'examen des urines normales ou morbides et j'ai pu me convaincre que la liqueur cupro-potassique était sujette à une foule d'erreurs. Lorsqu'on fait une analyse, on a souvent le tort de ne pas contrôler ses réactifs. Ainsi, pour le réactif cupro-potassique, il faut s'assurer par l'ébullition qu'il ne donne pas de réduction spontanée. De plus, il est bon de contrôler avec une urine normale les résultats qu'on a obtenus avec l'urine pathologique.

Enfin, si un réactif peut pécher par excès, c'est-à-dire se

réduire spontanément, il peut aussi pécher par défaut, c'est-à-dire ne pas donner la coloration ou le précipité qu'on attend de lui. Mais pour ce qui est de la liqueur cupro-potassique, je crois qu'elle pèche plutôt par excès que par défaut. Loin de l'accuser de paresse ou d'inertie, je crois qu'elle est plus souvent capable d'induire en erreur en sens contraire, c'est-à-dire de faire croire à la présence du sucre quand il n'existe pas.

M. le professeur Chevallier, mon savant maître, nous recommandait toujours dans les analyses un contrôle sévère des réactifs, et il nous conseillait, lorsque l'expérience était terminée et qu'elle avait été négative, d'ajouter à la liqueur le sel qu'on y avait jusqu'alors cherché en vain.

On s'assurera ainsi de la perfection des moyens employés, et ce procédé ne permettait aucune objection, puisqu'on avait pendant l'expérience des résultats négatifs et qu'après avoir ajouté le sel qu'on avait inutilement cherché, la réaction se faisait telle qu'on l'avait voulu produire auparavant sans pouvoir l'obtenir.

Cet excès de précaution paraît être une futilité, et on pourrait y objecter que les lois de la chimie étant connues d'avance, il est inutile de recommencer un contrôle rétrospectif. C'est là une grave erreur. Plus d'une fois, je ne dis pas maintenant, mais autrefois lorsque les recherches de chimie m'étaient moins familières, j'ai été surpris de ne plus retrouver en ajoutant la substance que j'avais recherchée, les réactions que je m'attendais à obtenir et que les livres élémentaires m'indiquaient.

Il y a surtout, en chimie animale, des réactions complexes tenant à l'intervention de certaines substances: ainsi j'ai déjà parlé de l'albumine et du sucre. J'ajouterai encore que l'acide citrique, l'acide tartrique, les tartrate ou citrate d'ammoniaque dans la recherche des sels de fer, les sels ammoniacaux dans la recherche des sels de magnésie, l'acétate de soude pour les sels de zinc, le citrate d'ammoniaque et le tartrate d'ammoniaque pour les sels de plomb, peuvent donner des causes d'erreurs.

L'excès des réactifs, lorsqu'il s'agit de chlorures, de bromures, d'iodures alcalins, de même que les cyanures, les sulfites et les hyposulfites alcalins, peuvent aussi induire en erreur dans la recherche des sels de mercure ou d'argent. Aussi, le contrôle recommandé par M. Chevallier me parait-il d'une grande utilité. C'est en l'employant que je constatai des faits intéressants à propos de la liqueur cupro-potassique. Je ne parlerai pas des substances, autres que le glycose, qui peuvent réduire la liqueur cuivreuse. ces faits sont connus, et je n'ai besoin que de les rappeler. Toutes les urines qui contenaient du sucre à l'état pathologique m'ont toujours donné la réaction caractéristique avec la liqueur cupro-potassique fraîchement et convenablement préparée.

Je préfère la formule de Fehling, et je ferai observer que selon les substances et les proportions employées pour la préparation de ce réactif, il y a de ces liqueurs qui donnent spontanément un dépôt blanc, tandis que d'autres laissent, avec le temps, déposer de l'oxyde rouge de cuivre, par suite d'une réduction spontanée : aussi doit-on éviter de chauffer l'urine seule, comme on le fait généralement, pour y ajouter ensuite le réactif ; je préfère chauffer la liqueur seule d'abord, puis y ajouter l'urine goutte à goutte. On est ainsi assuré que la liqueur n'était pas spontanément réductible par la chaleur, ce qui arrive quelquefois. Si l'on veut examiner l'urine à un autre point de vue que celui du sucre, et y rechercher l'albumine par exemple, on en est quitte pour faire un autre examen séparé : l'alcalinité très-forte de la liqueur empêche parfois cette réduction spontanée : cet excès d'alcali est toujours une bonne condition pour l'analyse.

J'ai dit que la liqueur cupro-potassique péchait plutôt par excès de sensibilité que par défaut, et l'urine sucrée, à l'état pathologique, réduira bien la liqueur portée à l'ébullition, même en la retirant du feu, pour ajouter l'urine. Mais j'ai pu constater plus d'une fois qu'une liqueur cupro-potassique, qui était parfaitement réduite par du glycose, ou du sucre de diabétique préparé par moi et dissous dans l'eau distillée, pouvait ne plus donner de réduction quand on ajoutait ce même sucre à certaines urines. Mais ici la potasse caustique permettait toujours à elle seule de reconnaître le sucre. Ainsi la réduction du sel de cuivre, qui se faisait si bien au sein de l'eau, ne se produisait plus avec certaines urines sucrées par moi artificiellement. J'obtenais bien une décoloration de la liqueur, mais pas ce précipité abondant et bien nettement
. Derlon.

caractérisé par sa couleur orangée, se fonçant et virant au rouge-brique, en se déshydratant au sein de l'eau. Et cependant, pour moi la réaction n'a de valeur qu'autant qu'elle se produit ainsi avec ces conditions de rapidité et de sensibilité ; il suffit de faire bouillir la liqueur bleue étendue d'eau et rendue au besoin assez alcaline, ce qui est une bonne garantie de conservation et de sensibilité ; on ajoute l'urine goutte à goutte, et on retire du feu : on doit avoir ainsi la réaction avec des traces de sucre. Je ne nie pas qu'on puisse prolonger l'ébullition, quand la réduction s'est déjà produite dans ces conditions et qu'on est ainsi certain que l'urine contient du sucre ; mais si elle ne s'est pas faite, on peut être induit en erreur, parce qu'en prolongeant l'ébullition, bien qu'on n'ait rien obtenu d'abord, on risque d'obtenir une action de certains principes de l'urine sur la liqueur.

J'ai dit que certaines urines sont capables d'empêcher la réduction caractéristique ; il se produit alors une décoloration de la liqueur bleue, sans précipité orangé. De plus, certaines urines qui ne contiennent pas de sucre, et qui ne brunissent pas par la potasse caustique, décolorent de la même manière la liqueur cupro-potassique, sans donner le précipite orangé.

Ce réactif est donc sujet à donner des erreurs, si l'on considère comme dues à la présence du sucre ces décolorations sans précipité jaune orangé ou rouge que peut produire une urine privée de sucre.

Indépendamment de l'acide sulfureux, des sulfites, de l'aldéhyde, du chloroforme, de l'acide tannique, de la salicine, de l'acide urique et du chloral, qui peuvent réduire la liqueur cupro-potassique, je crois qu'il existe dans certaines urines une substance capable de décolorer le réactif, au lieu de le réduire à proprement parler.

J'ai dit, plus haut, que cette décoloration sans précipité orangé peut se faire avec une grande énergie et que parfois du sucre ajouté par nous dans l'urine n'agissait pas comme si l'on opérait dans l'eau distillée.

Parmi les substances qui décolorent certaines liqueurs, je dois encore citer divers acides. Je parlerai d'abord de l'acide valérianique ; prenez du valérianate d'ammoniaque, et vous obtiendrez, au moins avec certaines liqueurs, non pas une décoloration immédiate, mais une action qui se produira quand l'alcali de la liqueur aura chassé l'ammoniaque du sel valérianique.

Et ici la réaction est bien différente de celle qu'on obtient avec le glucose, mais s'il y a décoloration, elle se rapprocherait plutôt de celle que donne le chloroforme ou le chloral. En effet, parmi les substances qui agissent sur le réactif cupro-potassique, les unes le décolorent simplement ou donnent immédiatement le précipite rouge-brique d'autres au contraire agissent comme le glycose et produisent le précipité orangé. L'acide valérianique n'a pas été signalé, que je sache.

Quant au valérianate d'ammoniaque, je dois dire que je ne parle pas de ce liquide dont un pharmacien a fait une spécialité, car ce médicament me paraît être, non pas une solution saline définie, mais bien une décoction de valériane, ou une macération additionnée d'ammoniaque.

C'est ainsi que la confiance conduit les médecins à prescrire une spécialité sans cachet, avec la conviction qu'ils obtiendront ainsi une garantie plus grande; mais, si la spécialité n'est pas exactement préparée comme l'indique l'étiquette ou la formule publiée, ce qui arrive souvent, toute garantie nous échappe et nous nous trouvons abusés. Je reviendrai plus tard sur ce sujet, et j'espère montrer comment l'emploi de la spécialité présente des garanties illusoires et fait entrer la thérapeutique dans une fausse voie, en créant un monopole qui peut tourner à notre désavantage et à celui des malades; je citerai à cet égard des exemples convaincants.

En recherchant l'action de diverses substances sur une liqueur cupro-potassique préparée par moi et que je conservais depuis longtemps, j'ai pu constater que l'acide acétique la réduisait facilement, et qu'il donnait le précipité orangé, même sans continuer l'action de la chaleur. Je me suis demandé si cet acide qui est un des degrés de combustion de l'alcool ne pouvait pas se rencontrer dans les urines des alcooliques; de plus, il est évident que cet acide versé dans la liqueur s'empare d'une portion de l'alcali qui garantit la stabilité de la liqueur, en formant un acétate avec la potasse ou la soude qui sont en excès.

Mais l'acétate de potasse lui-même a pu réduire la liqueur, et la quantité d'acide acétique qui produit la réduction est bien inférieure à celle qu'il faudrait ajouter pour produire la neutralité du réactif. J'ai été conduit ainsi à essayer les divers acides, et j'ai pu constater qu'avec certaines liqueurs cupro-potassiques, les acides chlorhydrique, sulfurique, phosphorique, azotique, tartrique, citrique, lactique et même l'acide phénique produisent une réduction. Mais ces acides n'agissent pas tous avec la même énergie, de même que toutes les liqueurs peuvent ne pas avoir la même sensibilité. L'acide chlorhydrique et l'acide phosphorique m'ont donné surtout, comme l'acide acétique, une réduction avec précipité orangé analogue à celle du glucose. Je ferai observer, à ce sujet, que certaines liqueurs cupriques peu alcalines deviennent très-facilement réductibles.

Dans les urines acides, qui précipitent si facilement leurs urates, c'est à l'acide phosphorique et non pas à l'acide urique qu'est due l'acidité, ainsi que M. Gubler l'a si bien fait remarquer. Enfin pour obtenir la réduction de la liqueur cupro-potassique par ces acides, nous devons dire qu'il est essentiel de n'ajouter que ces acides dilués ou en quantité minime, car si l'on en mettait un excès, il se produirait un nouveau sel de cuivre et la liqueur se décolorerait. L'action est donc différente selon qu'on verse dans le réactif cupro-potassique l'acide en petite quantité ou à doses massives.

J'ajouterai, en terminant, que le liquide des blennorrhagies et le mucus venant de glandes du canal de l'urèthre, ou de la prostate, m'a donné plus d'une fois la réduction de la liqueur cupro-potassique à l'état d'oxyde rouge de couleur brique, ce qui peut être encore une cause d'erreur.

Des pages qui précèdent, il est facile de déduire les inconvénients que peut présenter l'emploi de la liqueur cupro-potassique dans les analyses d'urines. On avait pu en signaler quelques-uns, mais je crois que personne ne les avait fait ressortir d'une manière aussi complète. Je demande donc que l'essai par la liqueur cupro-potassique soit toujours contrôlé par la potasse caustique. Ce dernier réactif est lui-même sujet à des erreurs dans la recherche du sucre. Aussi certaines substances qui contiennent de l'asparagine, peuvent brunir par la potasse caustique, comme si elles contenaient du glycose.

C'est ainsi que des pharmaciens ont pu être accusés faussement d'avoir ajouté du glycose dans des sirops de guimauve ou de capillaire, ces substances brunissant par la potasse. On sait que l'ébullition prolongée du sucre de canne peut en transformer une partie, et alors il peut brunir par la potasse. L'acide des sirops de fruits, peut encore être cause de la transformation partielle du sucre de canne en sucre interverti, puis en glycose qui brunira par la potasse ; le même phénomène se produit dans les confitures un peu anciennes, et même dans l'eau pure sous la seule influence de la lumière.

Le contrôle par la potasse caustique est essentiel, mais ce réactif peut lui-même tromper, aussi vaut-il mieux avoir recours au saccharimètre ou au moins au diabétomètre.

L'étude des réactions de la liqueur cupro-potassique en présence de substances très-différentes du sucre me ramène à parler de l'albumine, dont j'ai déjà dit quelques mots. En lisant les théories données par Wilson puis Frerichs, en vue d'interpréter les phénomènes dits urémiques, on est frappé de ce fait, que le premier attribue les accidents éclamptiques à l'urée, tandis que le second les croit dus au carbonate d'ammoniaque, c'est-à-dire à une substance qui est le résultat de l'action des alcalis sur l'urée.

Je voyais dans cette diversité d'opinions une insuffisance de la chimie, qui ne nous permettait pas de distinguer rapidement dans deux liquides, l'urée dans l'un et l'ammoniaque dans l'autre, lorsqu'on est en présence d'un alcali puissant, la potasse par exemple. Je ne viens pas dire que la chimie n'ait pas de moyen de séparer ces deux substances.

L'alcalinité excessive d'une liqueur cupro-potassique, que je venais de préparer me conduisit, par analogie, à essayer l'action différentielle de ce réactif sur l'urée et les sels ammoniacaux ; puis, j'opérai de même avec une portion de cette même liqueur cuivreuse, que j'avais fait virer au violet dans une recherche antérieure où j'étudiais l'action des diverses substances albuminoïdes sur les sels de cuivre.

Un fait intéressant signalé par M. le Dr Gubler, dans son savant article sur le diabète leucomurique, me fit rentrer par une autre voie, dans le même ordre d'idées. Notre cher et excellent maître a prouvé en effet que contrairement à l'opinion émise par M. le Dr Icery, l'absence de coloration violette qu'on constate en présence de la liqueur cupro-potassique et de la plupart des urines albumineuses n'est pas due à la présence d'une espèce différente d'albumine.

L'albumine d'œuf ou celle du sérum du sang (sérine) aussi bien que celle de la sérosité d'un vésicatoire, cesse en effet de donner la coloration violette , par l'addition d'une faible quantité d'urine normale.

Ce fait a été longtemps observé par le savant professeur, dans ses cliniques de l'hôpital Beaujon.

J'ai eu l'occasion de voir que la sérosité des hydropisies dans laquelle on a signalé l'hydropisine donne la même réaction que celle d'œuf ou que la sérine du sang, dans le cas qui nous occupe.

Restait à savoir quels sont les principes de l'urine qui peuvent empêcher la coloration violette. Je passai en revue les divers principes immédiats de l'urine normale. Je préparai à cet effet de l'urée, de l'acide urique, et il me fut facile de constater que ni l'une ni l'autre de ces substances n'empêchait la coloration violette, alors même qu'elles étaient en grand excès.

J'essayai l'influence des divers sels qui peuvent se rencontrer dans l'urine et j'arrivai à l'examen des sels ammoniacaux. Prenons de l'albumine d'œuf, et ajoutons-y une très-minime quantité d'un sel ammoniacal, nous empêcherons la coloration violette de se produire avec la liqueur cupro-potassique. La sérosité de vésicatoire donne la même réaction ; j'ai essayé le chlorhydrate d'ammoniaque, les phosphate, carbonate, sulfate, azotate ; en effet, quel que soit le sel ammoniacal, non-seulement il empêche la teinte violette de se produire, mais il ramène au bleu celle produite antérieurement avec l'albumine seule.

Mais ici se présente une question d'interprétation, j'essayai alors l'ammoniaque libre, et j'obtins les mêmes effets de non-coloration ou de décoloration.

J'étais donc conduit à penser que c'est par l'ammoniaque libre que les sels ammoniacaux agissent en présence de la liqueur cuivreuse puisque celle-ci doit toujours être très-alcaline, et agit tout d'abord par son alcali, en précipitant les phosphates, et isolant l'ammoniaque de ses combinaisons. Et

cependant comment se fait-il que l'urée ne dégage pas d'ammoniaque quand on la chauffe en présence de l'alcali fixe, puisqu'elle peut être considérée comme l'amide ou plutôt le nitrile
du carbonate d'ammoniaque ?

Ici la température n'est pas très-élevée, et de plus le sel de
cuivre ou l'albumine interviennent peut-être pour entraver
cette décomposition de l'urée et la fixer. Je constatai toutefois
qu'un grand excès de liqueur alcaline cupro-potassique peut
décomposer l'urée et dégager de l'ammoniaque.

Je répétai plusieurs fois ces réactions et j'y vis un moyen de
distinguer l'urée du carbonate d'ammoniaque, ou d'un sel
ammoniacal quelconque, en présence de la liqueur cupro-
potassique et de l'albumine.

Non content des expériences faites avec l'urée que j'avais
préparée, je les répétai avec de l'urée que j'avais achetée :
j'en employai une fois un reste conservé dans un flacon mal
bouché, et j'obtins un retour au bleu de la teinte violacée ;
c'est que cette urée était transformée en partie en carbonate
d'ammoniaque.

Il suffit donc de prouver que l'urine qu'on ajoute pour
empêcher ou détruire la couleur violette, contient des sels
ammoniacaux ; pour cela on n'a qu'à la chauffer dans un tube
avec un excès de potasse caustique, et à placer le papier de
tournesol rougi près de la surface du liquide.

Il faut opérer avec un papier faiblement rougi, et sur une
quantité suffisante d'urine ; ou peut encore employer la
baguette de verre mouillée d'acide acétique et non pas d'acide
chlorhydrique, car l'acide chlorhydrique peut donner des
vapeurs en présence de l'eau ordinaire non ammoniacale. Mais
ces procédés étant peu sensibles, lorsqu'il y a de faibles
quantités de sel ammoniacal, je préfère employer le chlorure
de platine, après l'isolement de l'ammoniaque volatilisée. Du
reste, les analyses de Berzélius et de Lehmann indiquent l'existence du chlorure d'ammonium, de phosphate et de lactate
d'ammoniaque dans l'urine normale.

Reste à voir que l'urine albumineuse dans les cas où elle
permet à la coloration violette de se former, ne dégage pas de
quantité notable d'ammoniaque, ce que j'ai constaté. En effet,
il ne peut exister de sel ammoniacal dans ce cas, puisque

l'addition de ce même sel dans une pareille urine nous permettrait d'empêcher la teinte violette ou de la détruire. Il est évident que toute réaction a ses limites; ainsi une quantité homœopathique de sel ammoniacal peut ne pas empêcher la coloration violette de se produire, de même que sans ajouter d'ammoniaque, j'ai constaté qu'on n'obtient pas non plus de violet avec de l'albumine et le réactif cuivreux lorsque ce dernier est en grand excès.

C'est donc, en résumé, à la présence de l'ammoniaque ou de ses sels qu'est due l'absence du violet d'albumine dans les conditions indiquées par notre savant maître. De plus, l'urée peut à ce point de vue être distinguée des sels ammoniacaux en présence de l'albumine, de la sérine du sang et du sel de cuivre : fait curieux que la transformation facile de l'urée en carbonate d'ammoniaque en présence des alcalis ne permettait guère de prévoir, et qui peut recevoir quelque application. Je ne dis pas que cette décomposition de l'urée par les alcalis en excès ne puisse pas se faire avec le temps dans les urines albumineuses, même en présence du sel de cuivre. Mais assurément l'alcali ne donne pas avec l'urée ce dégagement instantané d'ammoniaque qu'on a avec les sels ammoniacaux. L'absence ou la très-minime proportion de ces sels dans les urines qui permettent la coloration violette s'explique aisément si ces urines sont riches en albumine, puisque l'ammoniaque est, après l'acide urique et après l'urée, un degré ultime des métamorphoses organiques des substances protéiques.

On comprend donc qu'une urine riche en albumine contienne une faible quantité de principes que nous devons considérer comme le produit de la transformation de substances quaternaires.

L'albumine et les produits qui en dérivent doivent être en proportions inverses, et les chimistes ont dit depuis longtemps, en s'appuyant sur le même principe, qu'il devrait toujours en être ainsi de l'acide urique et de l'urée.

J'ai parlé assez longuement des erreurs auxquelles la chimie peut nous exposer en thérapeutique et en pharmacologie, et j'ai dit quels inconvénients pouvaient avoir certaines associations de substances. J'ai aussi insisté sur la nécessité de ne pas préparer d'avance certains mélanges qui peuvent produire des décompositions.

J'ai fait voir que ces réactions parfois nuisibles à l'action du médicament peuvent en augmenter l'efficacité.

L'impureté de certaines substances peut nuire à l'action du remède, et c'est là le cas le plus habituel ; mais d'autres fois les substances étrangères modifient d'une façon utile l'effet du médicament.

J'ai déjà dit à propos du *modus faciendi*, qu'il n'était pas sans importance d'ajouter les substances dans tel ou tel ordre. Le sirop de sucre empêche la précipitation de certaines matières résineuses contenues dans les plantes ou les extraits.

J'ai constaté que l'iodure de potassium qui précipite le tartrate ferrico-potassique à froid et en solution concentrée dans l'eau distillée, ne produit pas de précipité en dissolvant ces sels dans du sirop de sucre ; de plus le précipité formé à froid dans l'eau distillée est soluble à l'aide du sucre sans chauffer la liqueur.

Ce précipité que l'eau distillée donnait à froid était soluble à chaud ou dans un excès d'eau sans avoir besoin d'ajouter du sucre, aussi avons-nous recommandé d'opérer à froid et sur des solutions concentrées pour comparer les réactions avec ou sans sucre. Le sucre retient en dissolution les matières résineuses ou résinoïdes du quinquina et du ratanhia, aussi est-ce dans le sirop et non pas dans l'eau qu'il faut dissoudre leurs extraits ou verser leur solution concentrée.

J'ai rappelé que les acides introduits dans les sirops intervertissent le sucre, puis donnent lieu à la formation de glucose, c'est ce qui a lieu spontanément dans les sirops de fruits, et même sans acides ni ferments dans l'eau pure, sous la seule influence de la lumière.

Des décompositions analogues se produisent souvent si l'on savait bien en tenir compte ; et à côté des médicaments qui perdent leurs propriétés quand ils sont préparés depuis longtemps, il faut ranger ceux qui acquièrent des propriétés en vieillissant (V. p. 141).

La pommade dite à tort onguent mercuriel est un exemple intéressant des altérations de cette dernière espèce. Elle acquiert avec le temps des propriétés irritantes dues à la rancidité de l'axonge ; sa couleur se fonce et le mercure y est mieux divisé et même en partie transformé. C'est, selon moi, à la différence des époques auxquelles on a examiné cette pommade, que sont dues les dissidences entre les auteurs qui ont étudié l'état du mercure dans l'axonge : M. Vogel et M. Boulley d'une part, M. Donovan et M. Berensprung de l'autre. Il faut aussi tenir compte du mode de préparation. Si l'on n'a fait intervenir aucun corps oxydant, si l'on n'a employé de graisse rancie ou de vieil onguent, la presque totalité du mercure y est à l'état de division et la quantité d'oxyde formé est insignifiante, mais si l'on s'est servi d'axonge acidifiée ou d'onguent ranci, on à une quantité un peu plus grande d'oxyde formé. Le procédé de MM. Coldefy et Simonin, qui consiste à faire tomber l'axonge liquéfiée dans l'eau froide et à la laisser à la cave sur un tamis, ne fait qu'acidifier et oxyder la graisse, ce qui facilite la division du mercure et peut amener l'oxydation d'une faible quantité de ce métal divisé.

Mais si le contact de l'air est prolongé, l'axonge et le mercure s'oxydent, et la pommade prend une couleur plus foncée. L'eau que contenait l'axonge à l'état de division dans le procédé de M. Coldefy et Simonin est une cause de rancidité et d'oxydation plus rapides. On voit ici qu'elle influence a la manière de préparer et l'âge de la pommade mercurielle. Avec le temps la graisse rancie par oxydation à l'air est devenue irritante et une plus grande quantité d'oxyde de mercure s'est formée.

Je n'affirmerai pas avec M. Berensprung, que l'oxyde de mercure est la seule partie agissante, je suis convaincu que le mercure à l'état de division peut agir lui aussi ; mais, si la pommade est ancienne, ce qui augmente surtout son action, ce n'est pas tant la quantité d'oxyde de mercure qui s'est accrue que la rancidité de la graisse.

Les auteurs se sont divisés d'opinion sur le fait de savoir si c'était à l'état de mercure métallique divisé ou à l'état d'oxyde que le métal existait, mais ils n'ont pas assez tenu compte du mode de préparation ou de l'ancienneté de la pommade. Un eczéma hydrargyrique à l'aide duquel l'absorption devient plus active ou une irritation de la peau qui peut ne pas aller jusqu'à la formation de vésicules, seront dues au moins autant à la rancidité de l'axonge qu'au mercure soit divisé soit à l'état d'oxyde (V. p. 128).

J'ai vu chez un malade une salivation mercurielle horrible, provoquée par une pommade qui ne renfermait qu'une quantité de mercure peu considérable et dont la graisse n'était pas rance, mais dans laquelle le médecin avait eu la malheureuse idée d'ajouter une certaine quantité de teinture d'iode.

L'altération de l'épiderme causée par la teinture d'iode avait remplacé dans ce cas l'action analogue que produit l'axonge acidifiée par oxydation. Il est vrai de dire que les frictions étaient faites sur le scrotum, c'est-à-dire sur une région ou l'épiderme est peu épais et l'absorption plus facile. Si la partie sur laquelle on fait des frictions est dénudée, l'absorption y sera plus facile. J'ai pu remplacer chez moi les injections hypodermiques dans un cas de névralgie faciale en me frottant les tempes avec de l'alcool éthéré, dans le double but d'irriter légèrement la peau et de la dégraisser; j'aurais pu arriver au même résultat avec une solution alcaline. On peut encore exciter la peau avec un sinapisme ou une lotion irritante quelconque. Dès que l'enduit gras qui empêche l'eau d'adhérer à la peau a bien disparu, j'étends avec un pinceau une solution concentrée de chlorhydrate de morphine au vingtième, c'est-à-dire à peu près saturée.

J'ai pu soulager ainsi plusieurs malades; il reste une petite couche blanche de sel, ce qui n'est pas malpropre comme les corps gras, et ce procédé incomparablement moins désagréable que les pommades devrait être employé chez les personnes qui éprouvent de la répugnance pour les injections sous-cutanées (V. p. 130).

Je crois que ces injections doivent être faites avec certaines précautions à la tête, et j'ai vu deux cas où une dose assez ordinaire de morphine injectée derrière l'oreille produisit chez le malade une sorte de sidération tellement brusque que je me demandai si l'anatomie de cette région et l'existence des veines dites émissaires de Santorini n'expliquaient pas cette intensité exagérée d'action du médicament.

Je signale ce fait incidemment, parce qu'il réclame de nouvelles observations; peut être n'est-il que le résultat d'une simple coïncidence, mais je crois qu'il mérite d'attirer l'attention.

Certaines associations de médicaments peuvent, ainsi que je l'ai dit, être nuisibles à l'action du remède, tandis que dans d'autres cas, l'effet peut être exagéré.

Il existe des médicaments synergiques ou auxiliaires, comme il y en a d'incompatibles. Cette synergie ou cette incompatibilité peuvent être de nature physiologique ou de nature chimique.

M. le professeur Gubler a insisté sur les incompatibilités physiologiques dans ses Commentaires du Codex à propos du sulfate de quinine et de l'opium, des bromures et des iodures, et les formulaires usuels indiquent bien aussi quelques incompatibilités chimiques. Mais il y a encore quelques faits intéressants à signaler. On a beaucoup parlé des effets physiologiques inverses de la belladone et de l'opium, et dernièrement encore une observation de M. Van Peteghem a été publiée dans le but de prouver l'antagonisme qui existe entre l'atropine et la morphine.

Mais dans ce cas, un vomitif qui avait été heureusement administré, avait dû expulser la plus grande partie du poison. J'ai vu un cas d'empoisonnement par l'opium traité par l'atropine. Le malade avait les pupilles tellement dilatées que j'aurais cru à première vue à un empoisonnement par l'atropine, si je n'avais pas su d'avance de quel cas il s'agissait. Mais j'ignorais l'injection d'atropine, et il me fut facile de la deviner. Le malade succomba, et en pareil cas l'observation ne vient pas grossir l'histoire de l'antagonisme, car on publie plus volontiers les succès obtenus, que les cas malheureux. Il est vrai que les empoisonnements par l'opium me paraissent plus difficiles à traiter par l'atropine, que les empoisonnements par l'atropine à traiter par la morphine, parce que l'atropine est plus difficile à graduer dans son emploi que ne l'est la morphine.

Il est à craindre lorsqu'on emploie un remède aussi énergique, que la dose du contre-poison ne soit dépassée, comme je crois l'avoir constaté dans le cas que j'ai vu, et que le malade ne succombe sous l'influence de l'action de l'alcaloïde employé pour combattre l'empoisonnement, à moins que les deux substances, poison et contre-poison, ne s'ajoutent pour amener la mort.

Un certain nombre d'empoisonnements se terminent d'eux-mêmes d'une manière heureuse, et dans un cas dont j'ai lu l'observation et qu'un témoin oculaire ma rapporté, le succès a plutôt été dû selon moi, à l'élimination du poison, qu'à l'injection d'un alcaloïde.

J'ai déjà signalé dans les empoisonnements deux périodes, quand le poison a été ingéré dans l'estomac. Dans la première, le poison avalé peut et doit être expulsé par un vomitif ou dans quelques cas neutralisé par un agent chimique; dans la seconde, l'action chimique est presque impossible ou très-difficile à espérer et il faut compter sur des antagonistes physiologiques ou favoriser l'élimination par les émonctoires. Cette seconde période commence avec l'absorption du médicament. Quand l'absorption s'est produite, il ne faut plus compter sur les agents chimiques, ceux-ci ne peuvent agir que sur la portion qui n'est pas encore absorbée. Aussi que dire de ces médicaments qui vont poursuivre un virus ou un poison quelconque absorbé dans les vaisseaux. Si une substance peut être neutralisée, ou coagulée après l'absorption, ne doit-on pas réfléchir avant tout à l'action du médicament qu'on administre comme contre-poison sur les principes immédiats qui entrent dans la composition du chyle, de la lymphe et du sang, et sur les globules eux-mêmes. J'ai déjà élevé ce doute à propos de l'acide phénique qui coagule si bien les matières albumineuses (V. p. 34).

Dans les empoisonnements par les alcaloïdes comme dans ceux produits par les sels métalliques, on peut combattre l'effet du poison par des agents chimiques à la première période; mais que dirait-on d'un médecin qui donnerait comme contre-poison une substance dont l'action pourrait être nuisible à haute dose ? Or il me semble qu'en combattant par la morphine un empoisonnement par l'atropine et surtout en injectant de l'atropine dans un empoisonnement par la morphine on risque fort de tomber dans la même faute.

Le criterium à l'aide duquel on jugera qu'on a injecté une dose suffisante et pas exagérée d'alcaloïde me paraît difficile à préciser chez un malade qui est sans connaissance. La dilatation de la pupille opposée à la contraction est un signe qui n'a pas toute la valeur qu'on peut lui attribuer, car on sait que dans une forme de l'empoisonnement par l'opium, on trouve la pupille très-dilatée.

Je crois qu'on a trop négligé dans les empoisonnements l'élimination par les différentes voies, et en particulier par les urines.

Le cathétérisme après l'emploi de boissons abondantes et diurétiques pourra être utile.

Il faut tout faire pour favoriser cette élimination par les sécrétions. Dans un des cas que j'ai cités, l'alcaloïde a été re-trouvé dans les urines, et le malade a guéri. On sait que, même après un très-long espace de temps, M. le professeur Gubler a pu retrouver l'arsenic dans les sécrétions et même dans les cheveux, en favorisant l'élimination du poison par l'administration d'iodure de potassium.

Il eût été utile de décider la question de l'antagonisme entre l'opium et la belladone; mais, à côté d'observations qui paraissent prouver cet antagonisme, se placent d'autres qui semblent démontrer que les actions s'ajoutent: aussi la question reste encore en suspens, mais j'ai dit combien l'emploi d'un alcaloïde très-énergique me paraît difficile pour combattre les effets d'un autre médicament vénéneux.

Parmi les substances entre lesquelles on a signalé un antagonisme physiologique, figure le sulfate de quinine et l'opium.

Deux médicaments peuvent avoir sur certains organes une action physiologique inverse et être néanmoins employés simultanément. Assurément cette manière de faire doit être réservée à des cas particuliers ; mais si la belladone dilate la pupille, est-ce à dire pour cela qu'en même temps qu'elle tout médicament qui produit l'effet inverse sur la pupille sera proscrit. Non assurément, car l'action sur d'autres appareils peut n'être pas diamétralement opposée comme l'est celle qui se produit sur la pupille.

M. Gubler lui-même, qui a montré l'antagonisme existant entre le bromure et l'iodure de potassium, a fait voir que ces deux sels peuvent être associés dans quelques cas. Le sulfate de quinine ne peut-il pas lui aussi être associé à de faibles doses d'opium ; ainsi dans quelques cas le sel quinique est difficilement toléré par l'estomac, à cause de son action irritante locale. Je crois qu'il peut alors être utile d'associer à ce sel une petite quantité d'opium, suffisante pour faciliter la tolérance locale, mais pas assez grande pour provoquer une action physiologique différente.

J'ai dit que les médicaments subissaient souvent des altérations dont les formules ne tenaient pas assez compte ou renfermaient des substances dont l'action pouvait n'avoir pas été suffisamment interprétée. Assurément, nous devons éviter ces décompositions chimiques grossières qui dénaturent le médicament, et cependant, s'il m'était démontré que le tannate de fer agit mieux ou plus sûrement que le quinquina ou le fer pris isolément, je n'hésiterais pas à le prescrire. Je ne cite cet exemple que pour montrer que la chimie ne doit pas seule régler nos formules, et qu'il faut avant tout nous incliner devant les faits et les résultats obtenus.

Mais j'ai montré aussi combien ces résultats pouvaient être sujets à des interprétations variées, et bien souvent le médecin croit avoir obtenu une guérison à l'aide d'un traitement, alors que l'expectation ou un autre traitement aurait pu le conduire au même resultat. A côté de guérisons obtenues par M. Rizzoli dans le tétanos, à l'aide de sections nerveuses, nous avons des exemples de guérisons par les injections intra musculaires, comme les pratique M. Demarquay, ou par le chloral, ou par divers traitements, la fève de Calabar, le curare, l'opium, les affusions froides. C'est là ce qui fait la difficulté de la thérapeutique.

A côté des résultats heureux obtenus par l'emploi de l'opium, de l'alcool dans le *delirium tremens*, nous trouvons des exemples de guérisons obtenues par des remèdes dont l'action physiologique est complétement inverse, c'est-à-dire du bromure de potassium, de la digitale, de la quinine.

Je sais bien qu'ici intervient la question des périodes de la maladie, si bien étudiée par M. Gubler, qui font varier l'état du malade de l'asthénie à l'excitation, et doivent par conséquent faire changer le traitement. Mais voici dernièrement une note du Dr Decaisne à l'Académie des sciences qui dit avoir obtenu ses guérisons par l'expectation.

La difficulté se complique quand on tient compte de la différence d'action d'un même médicament selon les doses ; la susceptibilité individuelle due à la constitution ou à l'état de tolérance peut faire varier les effets complétement, car on sait très-bien que tel médicament, administré à dose presque toxique, peut produire des effets opposés à ceux qu'on obtiendra à dose minime ou modérée. Or, chez telle ou telle personne le médicament agit plus ou moins énergiquement et le médecin peut avec une même dose obtenir des effets différents chez deux malades. Certaines femmes nerveuses ne peuvent être endormies sans danger par le chloroforme, ni calmées par l'éther ou l'opium.

On me répondra que ces effets dépendent de l'état d'asthénie ou d'excitation du malade au moment où le médicament est administré, mais ils ne sont pas toujours si faciles à prévoir *a priori*, même en tenant bien compte de la constitution et de l'état du malade.

L'alcool, l'éther, le chloroforme n'agiront pas de même chez un homme sobre ou chez celui qui est habituellement adonné à l'abus des boissons alcooliques.

Enfin voici que l'alcool qui jusqu'alors était considéré comme un médicament susceptible d'élever le pouls et la température devient un sédatif de la circulation et un agent capable d'abaisser la chaleur animale.

La pneumonie est guérie ici par le tartre stibié et les antimoniaux, là par les vésicatoires, ailleurs par l'alcool ou par le *veratrum viride* ou la digitale.

Dans la diphthérie, ne s'occupe-t-on pas trop souvent des fausses membranes sans voir la maladie où elle est réellement, c'est-à-dire dans l'état général ; l'eau de chaux, l'acide lactique, le perchlorure de fer, l'alcool, le soufre sublimé, le sulfure de mercure ont donné leur chiffre de succès, mais combien de malades ont succombé malgré l'emploi de ces moyens. La maladie n'est pas dans les fausses membranes, mais dans la tendance à les produire et dans l'état général, et M. le Dr Steiner a bien résumé selon moi dans ces derniers temps la valeur de tous ces traitements locaux.

Le diabète sucré, dont j'ai déjà parlé, a été traité par les alcalins et voici que M. le Dr Cantani, en se plaçant à un autre point de vue que M. Mialhe, le traite par un acide ; l'acide lactique réussit dans ses mains comme le bicarbonate de soude dans d'autres cas. Pour ma part, j'ai déjà vu plus d'un malade qui a été obligé de cesser le traitement auquel on le soumettait pour faire diminuer la quantité de sucre contenue dans ses urines, et qui n'a repris un peu de santé et d'appétit que le jour où on l'a laissé manger du pain ordinaire.

Assurément le pain de gluten peut diminuer la quantité de sucre contenue dans l'urine, mais est-ce là seulement qu'est la maladie ? Si j'ai diminué momentanément la quantité de sucre que renferme l'urine en faisant subir au malade un traitement approprié, ai-je fait un grand pas vers la guérison ? Le malade tend à s'amaigrir ; j'ai pu faire une chose utile en le privant d'aliments qui l'empêchent de faire autant de sucre si la quantité de sucre produite devient inférieure à celle qui est brûlée. Mais lorsque le malade ne peut plus tolérer le régime auquel on le soumet et que son estomac se refuse à ingérer certains aliments, le médecin doit se résoudre à sacrifier sa méthode aux exigences digestives du sujet (V. p. 32).

Le médicament une fois choisi, nous avons vu que tout n'était pas fait, et que même en laissant de côté les difficultés qui dépendent de certaines associations, il faut tenir compte des altérations antérieures ou consécutives des médicaments.

J'ai parlé des changements qui se produisent dans la composition de quelques mélanges, dans lesquels la chimie ne nous révélait pas tout d'abord de réaction.

J'ai ajouté que certaines préparations devaient leur efficacité à des substances dont la présence avait pu être méconnue ou à une cause mal interprétée, tandis que d'autres perdaient leurs propriétés par le mélange de substances étrangères.

J'ai déjà donné plusieurs exemples à l'appui de cette opinion, je puis en citer encore. L'iodure de potassium n'est estimé dans le commerce qu'à la condition de présenter une opacité que l'on est habitué à donner à ses cristaux ; ainsi opaques, ils ne jaunissent pas à l'air comme le fait l'iodure de potassium pur.

Dans ce cas, le sel a été préparé avec un petit excès d'alcali caustique, et il cristallise mieux ; c'est cette légère alcalinité qui garantit la conservation de l'iodure.

Derlon.   7

L'iode qui pourrait être mis en liberté et colorer le sel ou ses solutions, en présence des acides, est ainsi neutralisé par l'alcali en excès.

L'iodure de potassium, en dissolution dans l'eau ordinaire, donne avec le temps un léger dépôt que j'ai constaté plus d'une fois en me demandant de quelle nature il pouvait être. Ce ne devait pas être de l'iodure de calcium, ce sel étant très-soluble; c'est, en effet, en m'assurant de l'alcalinité du sel que j'ai pu expliquer la nature de ce précipité qui se produit.

Cet excès d'alcali sature l'excès d'acide carbonique qui retient en dissolution les carbonates de chaux et de magnésie, et c'est alors que ces carbonates peuvent être précipités.

Lorsqu'on ajoute de la potasse, ou de la soude, ou de l'ammoniaque dans de l'eau de chaux, il n'y a pas de précipité ; avec la potasse ou de la soude, il peut y avoir un précipité de chaux si le sel de chaux dissous est en proportion telle dans l'eau que le degré de solubilité de la chaux qui est isolée soit dépassé. Ainsi le sulfate de chaux lui-même, qui est peu soluble, l'est encore plus que ne l'est la chaux elle-même.

Mais il faut aussi tenir compte de l'acide carbonique ; souvent on croit ajouter à une dissolution un alcali caustique pur, et en réalité cet alcali est carbonaté par suite de son séjour antérieur à l'air, au contact de l'acide carbonique que l'atmosphère renferme. C'est ainsi qu'on a souvent des carbonates alcalins au lieu d'alcalis caustiques, et les réactions qui sont indiquées dans les traités de chimie pour les alcalis caustiques ne se produisent plus comme on l'espérait quand une petite quantité de carbonate alcalin s'est formée ainsi à notre insu. L'ammoniaque qui est notée comme ne donnant pas de précipité dans les sels de chaux les précipitera très-souvent parce qu'elle a absorbé de l'acide carbonique, et c'est là un fait qui n'est pas sans intérêt.

De plus, je me suis assuré que de l'ammoniaque, ou de la potasse, ou de la soude parfaitement pures, étant ajoutées à une eau calcaire, pouvaient encore donner un précipité, bien que l'alcali ajouté fût privé d'acide carbonique, parce que le carbonate de chaux, dissous dans l'eau à l'aide d'un excès d'acide carbonique, perdait cet acide carbonique lorsqu'un alcali venait à le saturer. Que l'alcali ajouté contienne de l'acide carbonique et soit déjà en partie transformé en carbonate, qu'il ne l'absorbe à l'air qu'après avoir été ajouté à l'eau calcaire, ou bien qu'il rencontre cet acide carbonique dans l'eau à l'état de bicarbonate de chaux ou de magnésie, il n'en est pas moins vrai que dans ces trois cas c'est à l'acide carbonique qu'est dû le précipité.

C'est ainsi que j'ai vu que l'ammoniaque précipitait bien du carbonate de chaux lorsqu'on l'ajoutait à une eau calcaire ; mais le précipité ne se forme qu'après un certain temps si l'ammoniaque est pure, parce qu'il faut que l'acide carbonique qui retient en dissolution la chaux soit saturé par l'alcali, pour que le carbonate de chaux neutre se précipite.

J'avais cru d'abord que la magnésie seule pouvait être précipitée d'après ce qui est indiqué dans le traité de M. Pelouze à propos de l'action de l'ammoniaque sur les sels de chaux ; mais il est évident, d'après ce que je viens de dire, que la chaux elle-même peut être précipitée.

Ce fait de l'action des alcalis ou dès sels alcalins, saturant l'excès d'acide carbonique qui retenait le carbonate de chaux en dissolution, a une certaine importance puisqu'il explique la réaction qui se produira toutes les fois qu'un sel alcalin sera dissous dans l'eau ordinaire.

C'est ce qui se produit pour l'iodure de potassium tel que le commerce nous l'offre souvent, et ces précipités ne se produisent qu'à la longue. J'ai dit que l'iodure de potassium étant alcalin se conservait mieux.

En effet, si au lieu de faire une solution, on prépare des pommades, l'oxygénation de l'axonge et l'acidification du corps gras par rancidité jaunit la pommade en isolant de l'iode. La préparation est-elle moins active, assurément non : elle l'est peut-être plus, mais on sait ainsi qu'on a eu affaire à un produit altéré ou de mauvaise qualité. C'est encore là une source d'inconvénients.

Les élèves en pharmacie ont souvent pris dans des officines où ils ont fait leur stage la mauvaise habitude d'ajouter un excès de carbonate de potasse à l'iodure de potassium en le dissolvant pour préparer une pommade. Ils sont certains d'obtenir ainsi une pommade toujours blanche, mais souvent ils donnent au malade une pommade trop alcaline pour pouvoir être appliquée sur des parties irritées.

Il est vrai que la saponification de cet alcali qui est ajouté par le pharmacien se fera avec le temps, mais je préfère une pommade qui jaunit vite à l'air à celle qui reste blanche long-temps.

Pour qu'elle conserve cette teinte blanche, il faut que l'io-dure employé ait été alcalin ou qu'on ait ajouté un alcali au moment de la préparation. Or c'est ce dernier fait qui sera le plus souvent l'expression de la vérité.

L'iodure de potassium du commerce est en général alcalin, ainsi que je m'en suis assuré plus d'une fois ; cette alcalinité peut suffire pour empêcher la pommade de jaunir au moment de sa préparation, même en présence d'une très-petite quan-tité d'acide, mais avec le temps elle jaunira le plus ordinaire-ment si l'on n'a pas ajouté d'alcali.

J'ai déjà montré comment des substances qui entrent dans la composition de certaines liqueurs ou solutions peuvent jouer un rôle important si l'on n'y prend pas garde.

C'est ainsi que l'alcali en excès qui existe dans la liqueur cupro-potassique, destinée à la recherche du sucre, précipite les phosphates de l'urine, de même que certaines substances autres que le sucre peuvent donner dans ce cas des précipités qui induiraient en erreur quelques cliniciens peu expéri-mentés.

La glycérine qui est si employée depuis quelques années contient presque toujours du chlore qui a pu se transformer en acide chlorhydrique, ce qui peut être parfois une cause d'irritation nuisible, mais dans d'autres cas pourra amener sur certaines plaies un résultat utile et imprévu.

J'ai montré comment des médicaments subissaient avec le temps des transformations. D'autres se transforment ou s'al-tèrent même pendant leur préparation. N'est-il pas étonnant que le Codex lui-même ait soumis à une ébullition prolongée des sirops ou des décoctions de salsepareille et de plantes aromatiques, comme cela se fait pour certaines préparations. Les sirops de salsepareille composé, des cinq racines, en sont des exemples.

On sait que la salseparine est volatile à l'aide de la vapeur d'eau, et on continue à faire bouillir les préparations de salsepareille comme celles de certaines plantes aromatiques. Par la décoction, on volatilise bon nombre de principes ou on les précipite ; de plus, on dissout de l'amidon, ce qui empêche la conservation des sirops et ne permet pas de les obtenir aussi limpides.

On voit souvent des substances tanniques comme la bistorte, la tormentille, la consoude, soumises à l'ébullition dans des vases de fer qui les noircissent, ce qui arrive aussi pour un grand nombre d'extraits lorsqu'on les touche avec des spatules du même métal.

Quant à l'émail qui recouvre certains vases de fer, il se fendille avec le temps, et laisse le métal à nu.

On sait parfaitement que la décoction de salsepareille forme un composé triple, insoluble : la salseparine, la matière colorante et l'albumine coagulée se précipitant à l'état de combinaison. L'acide polygalique donne un produit analogue dans les mêmes circonstances. De plus, la salseparine se volatilise à la faveur de la vapeur d'eau. Nous avons déjà parlé de l'apothème, ou extractif oxygéné qui se produit pendant la préparation des extraits, et cependant on continue les mêmes procédés. Pour les extraits, on avait proposé l'évaporation dans le vide ; mais les extraits ainsi préparés sont trop déliquescents, et de plus ils sont souvent trop actifs, ce qui peut être un grave inconvénient, si une préparation est faite successivement pour le même malade, avec l'extrait évaporé à l'air libre et dans le vide. Il faut adopter une manière uniforme dans ces préparations.

Les plantes contiennent souvent des sels venant du sol où elles ont été récoltées, comme les graminées contiennent du silicate de potasse, la pariétaire et la bourrache renferment du nitrate de potasse. La quantité de ces sels peut varier avec la nature du sol et l'époque de la récolte, comme cette canne à sucre qui contenait plus de nitrate de potasse que de sucre, et cet extrait de bourrache, qui donnait des vapeurs rutilantes nitreuses, lorsque M. Guibourt l'agitait avec une spatule. D'autres principes mal étudiés peuvent exister dans les plantes. Aussi s'est-on peut-être trop souvent hâté de substituer aux plantes les sels que la chimie y avait fait découvrir. Bon nombre de plantes diurétiques paraissent ne devoir cette propriété qu'à une substance tannique ; l'uva ursi, la benoîte dont j'ai vu des effets incontestables, sont dans ce cas.

Mais l'analyse chimique des plantes a pu conduire à des fautes. Ainsi, le nouveau Codex prépare son vin de quinquina avec le calisaya : s'il s'agit de faire une préparation fébrifuge, ce choix est incontestablement légitime ; mais pour obtenir une préparation tonique, il est loin d'être démontré que le Codex ait eu raison.

Soubeiran (voir t. I, p. 750) insiste avec raison sur cette considération que l'association naturelle qui existe dans le quinquina gris peut rendre de grands services. Le quinquina gris est plus riche en tannin et en parties solubles dans l'eau ; il est plus aromatique ; s'il contient peu de quinine, il renferme une assez grande quantité de cinchonine, qui n'est peut-être pas à dédaigner lorsqu'il ne s'agit pas d'obtenir une action fébrifuge. Les pharmaciens et les médecins ont-ils raison lorsqu'ils s'imaginent que toutes les propriétés d'un quinquina peuvent être jugées d'après la quantité de quinine qu'il contient? J'aurais trop à discuter si je voulais entrer dans la critique des préparations du Codex. J'ajouterai cependant que j'ai été fort surpris de voir disparaître de ce livre le sirop de pavots blancs, ou plutôt de voir noté sous ce nom un sirop d'opium atténué, qui peut être une source d'accidents chez les enfants. On avait l'habitude de prescrire aux jeunes enfants un sirop d'extrait de pavots, qui assurément n'était pas très-actif, mais qui pouvait rendre de grands services. Pourquoi faire deux sirops d'opium, l'un faible et l'autre concentré, et supprimer le sirop d'extrait de pavots. Si le pavot et son extrait constituent une préparation infidèle dans certains cas, il y avait dans son emploi moins d'inconvénients que dans celui de l'extrait d'opium.

Pour ma part, j'ai plus d'une fois avalé 30 à 40 grammes de sirop de pavots blancs, de l'ancien Codex, et même jusqu'à 60 grammes, sans être narcotisé, et j'ai pu calmer ainsi de violentes coliques intestinales.

Une dose équivalente d'opium m'a réussi, mais en produisant chez moi un narcotisme que je n'obtenais pas avec le

pavot. J'ai été aussi fort surpris de voir, dans une même formule, une substance qu'on dit très-active, le lactucarium, as-
sociée à l'extrait d'opium. Si le lactucarium est si actif, qu'on
en fasse un sirop, et nous verrons ce qu'il peut produire. Mais
à quoi bon y ajouter de l'opium ? C'est là une sorte de conces-
sion à l'inventeur de ce sirop, et, comme le disait M. Reveil,
l'action du lactucarium est surtout due à l'opium que le sirop
contient. L'inventeur du sirop de lactucarium y a tout d'abord
ajouté de l'opium, sans vouloir l'avouer, et on a cité des accidents survenus chez des enfants par suite de l'emploi de ce
médicament.

Je m'étonne qu'on ait laissé subsister ce mélange ; et pour
ce qui est du lactucarium, je puis affirmer qu'en employant
celui qui est préparé par l'inventeur lui-même, il est impossible d'obtenir le même produit que celui qui est vendu sous
son cachet, même en suivant servilement la formule qu'il a
donnée.

Il est un certain nombre de formules qui pourraient assurément être simplifiées. Je citerai en particulier celle du laudanum de Sydenham.

A quoi bon laisser subsister dans cette préparation une pareille quantité de safran, lorsque cette substance coûte si
cher. Ne pouvait-on pas ou faire un laudanum de Sydenham
sans safran, qui serait vendu moins cher et produirait les
mêmes effets, ou prescrire simplement la teinture d'opium ?

La manière de préparer les médicaments a assurément une
grande importance, et j'en ai déjà cité des exemples ; le laudanum de Sydenham me rappelle des faits que je dois signaler.
La densité du laudanum de Sydenham varie beaucoup selon
la manière de le préparer, selon qu'il a été fait en filtrant simplement la préparation, ou en l'exprimant à la presse ; de
plus, on y voit quelquefois un dépôt abondant de polychroïte.
Ce dépôt tient, ainsi que je l'ai constaté, à la nature de certains vins artificiels. On sait que rien n'est difficile comme
d'obtenir, je ne dirai pas de bon vin de Malaga, mais de bon
vin de Cette, transformé et décoré du nom de Malaga. Des
pharmaciens vont jusqu'à en préparer eux-mêmes artificiellement, et, même en introduisant une assez grande quantité
d'alcool, ils ne parviennent pas toujours à obtenir un mélange

qui maintienne en dissolution la matière colorante du safran. Je ne parle pas ici de ces dépôts que peuvent donner des safrans falsifiés, car ceux-là resteraient sur le filtre lorsqu'on prépare le laudanum. J'ai trouvé ainsi dernièrement du safran d'une très-belle apparence, contenant une quantité considérable de carbonate de chaux en poudre, qu'on ne pouvait pas reconnaître à l'aspect, tant il avait bien pris la couleur des stigmates qu'il recouvrait.

Un certain nombre de préparateurs ont proposé, pour les teintures et certains vins médicinaux, de réserver une partie de l'alcool ou du vin prescrits par le formulaire, afin de procéder à un lavage du résidu, et de ne pas y laisser de matière active. Mais ce procédé spécieux ne résiste pas à un contrôle sérieux, car il est des substances qui ne sont solubles qu'à la longue, dans une certaine quantité de vin, d'eau, ou d'alcool ; d'autres peuvent ne pas se laisser pénétrer aussi bien si la quantité de liquide est diminuée. Pour avoir voulu ne rien perdre des principes actifs en faisant un lavage consciencieux du résidu au moment de filtrer, on peut avoir laissé des substances utiles qui resteront en pure perte. On sait déjà que malgré tous les soins, il reste toujours des substances actives dans les résidus de certaines préparations ; le but du pharmacien doit être non-seulement de ne rien perdre des propriétés des substances, mais surtout de donner une préparation uniforme, quelle que soit l'officine dans laquelle le médicament est donné au malade. Peut-être certaines substances auraient-elles besoin d'être soumises à deux ou trois macérations successives dans le vin ou l'alcool, mais si un pharmacien opère ainsi, et qu'un autre suive la formule du Codex qui ne prescrit qu'une seule opération, on n'aura pas partout des médicaments identiques, ce qui est fâcheux.

La durée de la macération, le degré de l'alcool, la qualité du vin, la quantité de liquide employée en une ou en plusieurs fois, doivent être des questions bien définies et adoptées de même par tous les préparateurs. Mais ces conditions ne suffisent pas encore : il y a des manières de faire qui changent le résultat obtenu, bien que le Codex ou les formulaires n'aient pas toujours prévu ces différences.

J'ai dû laisser de côté les changements apportés dans les

formules par des préparateurs peu consciencieux, qui, sous le prétexte de faire mieux que le Codex ne l'indique, introduisent des modifications dont l'intérêt pécuniaire est le plus grand mobile. J'ai voulu ici dire que, jusqu'à ce que le Codex ait modifié certaines manières de faire, assurément imparfaites ou même défectueuses, le pharmacien devrait se borner à faire ce qui lui est prescrit, au risque de n'avoir pas tiré des substances qu'il emploie tous les principes actifs qu'on pourrait en extraire. L'uniformité et l'identité des préparations sorties de n'importe quelle officine, me paraît être le but qu'on doit surtout chercher à atteindre; il faut éviter que le malade ne change de doses ou de médicaments, comme je l'ai vu tant de fois, tout en conservant la même prescription, parce qu'il aura fait exécuter la même formule dans plusieurs pharmacies successivement.

Etant donnée une formule, et le préparateur ayant l'intention de l'exécuter fidèlement, il faut encore qu'il la raisonne pour arriver à faire une bonne préparation.

Nous avons dit que des causes nombreuses font varier les médicaments; aussi le pharmacien et le médecin devraient-ils faire de la chimie une étude spéciale qui leur permît de contrôler les variations qui existent dans les préparations, selon le *modus faciendi*, et d'éviter les associations malheureuses, tout en assurant à leurs formules les garanties désirables d'efficacité.

Sans ces connaissances, le médecin met son malade à la merci d'un pharmacien, qui peut être très-consciencieux; mais il ne peut pas se rendre compte de faits qui se passent tous les jours sous ses yeux. En présence d'un empoisonnement arsenical, dont j'ai été témoin il y a quelques années, il ne suffit pas qu'il sache le nom des substances à employer comme contre-poison, il faut qu'il connaisse la différence des affinités chimiques que présentent certains sels ou certaines bases, selon leur état moléculaire. Dans le cas auquel je fais allusion, on avait donné du peroxyde de fer délayé dans l'eau, et si cet oxyde de fer avait été autrefois hydraté, c'est-à-dire gélatineux, il ne restait plus rien de cet état.

On sait quelle différence existe entre les affinités chimiques d'une base hydratée ou desséchée. L'action est toute différente en présence des acides. Le colcothar, obtenu par calcination, est bien du peroxyde de fer comme l'hydrate de peroxyde de fer ; mais il existe une grande différence entre ces deux substances, lorsqu'on les emploie comme contre-poison. L'eau tenant l'oxyde de fer à l'état de division, et formant avec cette base une sorte de sel, un hydrate augmente ses affinités chimiques. Dans un empoisonnement par l'acide arsénieux, que l'on emploie l'hydrate de peroxyde de fer, ou la magnésie, il ne faut jamais se servir de ces substances desséchées ou calcinées. Dans les officines, l'hydrate de peroxyde de fer sert rarement ; on risque donc de l'obtenir dans de mauvaises conditions. La magnésie est souvent trop fortement calcinée, et l'engouement si peu mérité avec lequel nous accueillons en général les procédés étrangers, a donné la mauvaise habitude en France de préférer la magnésie anglaise, c'est-à-dire fortement calcinée. Je ferai observer, en passant, que le nom de magnésie anglaise a été aussi appliqué au carbonate de magnésie, qui serait sans utilité dans l'empoisonnement arsenical : cette double dénomination établit souvent une confusion déplorable. Le peroxyde de fer desséché, comme la magnésie anglaise trop chauffée, se combine difficilement aux acides. Aussi, je crois qu'il serait préférable de préparer dans les cas d'empoisonnements de l'hydrate de peroxyde de fer ou de magnésie au moment même du besoin. On a bientôt versé dans une solution très-étendue de persel de fer, ou de sel de magnésie, une quantité d'alcali suffisante pour obtenir le précipité qui sera versé sur un linge pour l'égoutter. On sait d'avance quelle quantité d'alcali neutralisera un poids donné de sel de fer ou de magnésie. Il restera un sel de soude ou de potasse non vénéneux en dissolution, et il faut que l'alcali ait été mis en quantité juste suffisante.

Assurément il faut agir rapidement ; et si l'opération devait durer trop longtemps, on se contenterait de la magnésie ou de l'hydrate de fer, que le pharmacien pourrait donner. Mais, quand on a affaire à un chimiste habile, il ne faut que quelques minutes pour obtenir le résultat désiré ; et, pendant qu'on administre un vomitif, puis au besoin de l'eau albumineuse, de l'eau de chaux ou du charbon pulvérisé, on peut avoir la gelée de peroxyde de fer ou de magnésie. Le mieux, assurément, serait d'avoir ces substances préparées d'avance et hydratées ; je n'ai proposé de les préparer au moment du besoin, que dans le cas où le pharmacien en manquerait, ou n'aurait que de l'oxyde de fer desséché, ou de la magnésie fortement calcinée, et j'ai voulu faire ressortir l'utilité des préparations récentes en pareil cas.

On peut assurément se contenter momentanément de magnésie faiblement calcinée, mais il vaudrait bien mieux avoir toujours dans les officines de l'hydrate de magnésie ou de fer récemment précipité et contenu dans des flacons complétement pleins, pour éviter toute altération, en recouvrant la surface du liquide de quelques gouttes d'huile pour éviter le contact de l'air, puis boucher hermétiquement. On peut avec une petite quantité d'alcool ajouté à l'eau, conserver très-longtemps cette gelée ; une couche d'huile, qu'on rejettera au moment du besoin, ajoutée dans les bouteilles bouchées à chaud et bien remplies, permettra une conservation très-prolongée de diverses substances et en particulier de sucs végétaux dans lesquels le ferment aura été préalablement coagulé par la chaleur.

J'ai voulu insister sur la différence d'affinités des produits hydratés ou desséchés, et je dois rappeler ici que les précipités obtenus restent, malgré les lavages réitérés, imprégnés des substances qui ont servi à leur préparation. Un médecin qui prescrit un sel croit toujours l'obtenir à l'état de pureté, et il se trompe souvent.

Le carbonate de fer vendu dans les pharmacies n'est pas un carbonate, mais bien du peroxyde de fer, car le fer se peroxydant à l'air a perdu son acide carbonique. Ce n'est donc pas le safran de mars apéritif, désigné à tort sous le nom de carbonate de fer, que les médecins devront prescrire s'ils veulent donner à leurs malades un protosel de fer. Le protocarbonate de fer, comme tous les protosels de fer, se peroxyde à l'air, à moins qu'un agent réducteur, sucre ou gomme, ne soit interposé : encore la conservation n'est-elle pas durable, si le contact de l'air est prolongé. Tel est le but du procédé de Vallet pour la conservation du protosel de fer, ce sel étant considéré comme plus assimilable qu'un sel au maximum. Cependant M. Cl. Bernard a démontré que les persels de fer se réduisent à l'état de proto-sels dans le sang. Mais il faut tenir compte aussi du milieu dans lequel le précipité s'est formé. Ainsi, prene du colcothar du commerce et vous verrez qu'il contient presque toujours un peu de sulfate de fer provenant de sa préparation, une partie du sel n'ayant pas été décomposée. Si avec ce colcothar vous cherchez à préparer du fer réduit par l'hydrogène, vous aurez une réduction du sulfate de fer à l'état de sulfure, et le fer réduit contiendra du soufre ou plutôt du sulfure de fer. Aussi, pour préparer le fer réduit par l'hydrogène, emploie-t-on l'oxyde de fer obtenu par précipitation, qui est à l'état de division et donne des réactions chimiques beaucoup plus énergiques.

Le colcothar résiste bien plus énergiquement aux acides, parce qu'il est obtenu par voie ignée ; nous venons de voir de plus qu'il est peu propre à la préparation du fer réduit. Le sulfure de fer, qui resterait mêlé au fer réduit, aurait le grand inconvénient de se décomposer dans l'estomac et de donner au malade des éructations à odeur d'œufs pourris. J'ai essayé plus d'une fois du fer réduit du commerce, et j'ai presque toujours constaté qu'il dégage de l'hydrogène sulfuré en présence des acides, aussi produit-il le même inconvénient dans l'esto - mac des malades. Et cependant ce n'est pas avec le colcothar que le fer réduit par l'hydrogène est préparé ordinairement, mais avec le safran de mars apéritif.

Comment se fait-il donc qu'il y ait du sulfure de fer, la présence du soufre tient à ce que le précipité retient des sels au milieu desquels il s'est formé. Si le prétendu carbonate de fer du commerce fait effervescence avec les acides, c'es tparce qu'il contient du carbonate de soude en excès ; de même, il retient du sulfate de soude, malgré les lavages réitérés. Ce sulfate est transformé en sulfure par l'action réductrice de l'hydrogène et c'est ainsi que le fer réduit dégage de l'hydrogène sulfuré en présence des acides ; c'est là le résultat de cette propriété des précipités à l'état de division. De plus, l'hydrogène a pu être incomplétement lavé ; le gaz a pu entraîner une petite quantité de soufre par suite de l'action réductive que l'hydrogène naissant exerce sur l'acide sulfurique, qu'il transforme en acide sulfureux, puis en soufre qui donne du sulfure de fer (V. p. 162).

J'ai dit que les sels de fer au minimum tendaient à s'oxyder rapidement, et que le médecin ne pouvait guère compter sur leur conservation à l'état de protosel qu'à la condition de les associer à des substances réductrices avides d'oxygène.

Un exemple curieux de réduction suivie d'oxydation se produisant spontanément, nous est offert par la teinture de Bestuchef. Ici, le perchlorure de fer passe à l'état de protochlorure de fer en présence de l'alcool éthéré, puis, lorsque la solution est exposée à l'air, elle reprend la couleur qu'elle avait perdue et laisse précipiter du sesquioxyde de fer. Le chlore du perchlorure de fer avait servi en partie à former du chlorure d'éthyle et le perchlorure était devenu protochlorure. Puis à l'air, le protosel s'oxyde de nouveau $6\,(CI\,Fe) + O^3 = 2\,(Fe^2\,CI^3) + Fe^2\,O^3$, et c'est alors que la liqueur décolorée reprend de la couleur quand on a débouché le flacon, et qu'un précipité de sesquioxyde de fer se produit, mais avec le temps il ne reste presque plus de fer en dissolution dans la liqueur; aussi doit-on avoir soin de n'employer qu'une teinture fraîchement préparée et de ne pas l'exposer aux rayons solaires qui facilitent le premier temps de cette réaction à deux actes successifs.

Nous savons que la teinture d'iode elle-même subit avec le temps une altération un peu analogue. L'iode comme le chlore peut enlever de l'hydrogène à l'alcool et former de l'acide iodhydrique et même de l'éther iodhydrique, suivant M. Gopel. J'ai pu constater que l'iode n'est pas précipité avec le temps de la teinture en quantité égale à celle qu'on a introduite, et cette transformation m'a paru incontestable. En préparant de l'eau iodée comme réactif, et laissant vieillir cette préparation, j'ai remarqué que la solution prenait avec le temps une coloration ambrée et même brune, qu'il avait été impossible d'obtenir tout d'abord. J'ai constaté que l'iode dans l'eau distillée formait avec le temps de l'acide iodhydrique, et cet acide agit probablement comme dissolvant de l'iode. On sait que l'iodure de potassium peut faciliter la dissolution de l'iode; n'en est-il pas de même de l'acide iodhydrique qui n'est en somme qu'une iodure d'hydrogène; l'hydrogène et les métaux peuvent se remplacer dans les combinaisons chimiques. J'ai aussi remarqué que de la teinture d'iode étant ajoutée dans l'huile pour faire de l'huile iodée, la coloration due à l'iode disparaissait au bout d'un certain temps ; il est probable qu'il y a ici aussi une combinaison de l'iode avec certains éléments de l'huile.

Des combinaisons analogues se produisent dans bon nombre de préparations, bien que les médecins ne l'aient pas toujours prévu. D'autres fois elles pouvaient être rendues impossibles ou retardées par la présence d'un corps intermédiaire. Nous avons vu que le sucre et les matières organiques, l'albumine par exemple, changent la nature de certaines réactions. Les corps gras sont dans le même cas ; ils peuvent tantôt former des combinaisons avec les substances qui entrent dans la composition des pommades et tantôt empêcher la réaction de ces substances entre elles.

Les pommades dans lesquelles entre l'oxyde rouge de mercure, ou le minium, ou le carbonate de plomb, et dont les variétés sont si nombreuses, s'altèrent très-rapidement : telles sont celles désignées sous le nom de *Desault*, de *Saint-Yves*, de la *Veuve Farnier*, etc.

Le glycérolé d'amidon lui-même peut décomposer à chaud certains sels qu'on y ajoute, le calomel par exemple.

Les pommades dans la composition desquelles entre le beurre frais sont encore plus altérables que les autres, à cause de la facilité avec laquelle le beurre rancit ; mais l'axonge elle-même rancit très-vite en présence des oxydes métalliques, et on devrait ne mêler les sels au corps gras qu'au moment du besoin.

J'ai vu plus d'une fois de ces pommades produire un effet très-irritant à cause de leur ancienneté, ce que j'ai déjà signalé à propos de l'onguent mercuriel double (V. p. 92). La pommade au carbonate de plomb, qui rend parfois des services lorsqu'elle est fraîchement préparée, devient vite rance et irritante. De plus, les corps gras neutres forment avec le temps un savon à base de plomb avec les pommades au carbonate de plomb, au minium, au sous-acétate de plomb ; ainsi le cérat saturné, de même que les pommades dont j'ai parlé plus haut, ne se conserve pas et ne devrait être préparé qu'au moment du besoin.

Certains sels métalliques, ou oxydes, tels que le précipité blanc, le calomel, le carbonate de plomb, l'oxyde de zinc, sont très-avides d'huile et provoquent ainsi la décomposition immédiate du cérat, dans lequel on les mélange ; aussi ne devrait-on employer à leur préparation que du cérat sans eau. Les oxydes de plomb, comme le carbonate et le sous-acétate, durcissent ces pommades à tel point qu'il est utile d'ajouter un peu d'huile qui servira à diviser le sel ou l'oxyde métallique. Le sous-acétate de plomb basique durcit assez rapidement un cérat un peu liquide.

On sait que le liniment oléo-calcaire n'est qu'un savon à base de chaux, qu'on sépare de l'eau sur laquelle il surnage. Mais ce procédé, qui est celui du Codex, est rarement suivi dans les officines ; on prépare une pommade sans séparer l'eau en mélangeant l'eau de chaux et l'huile d'amandes à parties égales.

Je crois qu'on doit mettre une partie et demie au moins d'eau de chaux pour une d'huile lorsqu'on veut obtenir une pommade plus solide sans séparer l'eau.

J'ai même pu introduire près de deux parties d'eau de chaux pour une d'huile, car moins on met d'huile et plus la pommade est solide. Elle se rapproche alors du cérat pour la consistance, et on peut même la faire dans la bouteille par simple agitation si l'on a soin de mouiller d'abord la bouteille avec l'huile et de n'ajouter l'eau de chaux que par petites portions.

On durcira encore la pommade si l'on ajoute quelques gouttes d'extrait de Saturne, ce qui constitue alors une très-bonne préparation lorsqu'elle est faite au moment du besoin. Lorsqu'on ajoute du laudanum, il ne faut pas l'ajouter avec le sel de plomb qui le décompose, et ici je ferai la même recommandation pour l'eau blanche laudanisée ; il ne faut mélanger ces deux substances que par l'intermédiaire des corps gras s'il s'agit de pommades, ou de l'eau s'il s'agit d'eau végéto-minérale.

Un savon se forme encore dans la préparation de la pommade dite de Gondret, mais j'ai pu constater ici que le succès est entravé par suite du *modus faciendi* recommandé dans les formulaires. Au lieu d'agiter jusqu'à refroidissement comme les livres le disent, il faut se contenter d'agiter deux ou trois fois lorsque le corps gras a été ajouté au degré de refroidissement convenable, et on obtient ainsi une solidification plus régulière en immergeant la bouteille dans l'eau froide. L'agitation prolongée ne sert qu'à troubler la solidification ; mais la pommade ne durcit bien qu'à la condition d'avoir de l'ammoniaque assez concentrée et des corps gras privés d'eau.

On sait, en effet, que les charcutiers chez lesquels le pharmacien achète trop souvent l'axonge au lieu de la préparer lui-même, y ajoutent de l'eau pour la blanchir et en augmenter le poids et le volume.

Les graisses battues avec de l'eau se conservent bien moins longtemps et rancissent beaucoup plus vite, et les pharmaciens devraient toujours faire cette préparation eux-mêmes, car alors ils introduiraient bien plus facilement dans les pommades les quantités d'eau qui servent à dissoudre certains sels, l'iodure de potassium par exemple. Pour ce qui est de la pommade de Gondret, je crois que cette préparation, si rarement réussie dans les pharmacies pour les motifs que j'ai indiqués plus haut, pourrait être remplacée par un simple mélange d'ammoniaque et d'axonge additionnée d'un peu d'huile, fait par trituration très-rapide dans un mortier; je préfère encore la flanelle, le drap ou la ouate imbibés d'ammoniaque, en recouvrant d'un tissu imperméable, toile cirée, taffetas gommé ou simplement sparadrap, ainsi que je l'ai fait plus d'une fois.

Une combinaison se produit encore dans la pommade alcaline soufrée d'Helmerich, entre le carbonate de potasse et le corps gras : aussi obtient-on, en conservant cette pommade, une matière dure, comme résineuse, et d'une rancidité horrible, qui rappelle celle des pommades au carbonate de plomb, dont j'ai parlé plus haut. Mais ici un fait plus complexe s'est produit, lorsqu'on ne cherche pas à l'éviter.

Si l'on fait le mélange du carbonate de potasse dissous avec l'axonge, et qu'on ajoute le soufre séparément, si l'on se sert en un mot du corps gras comme intermédiaire entre le soufre t le carbonate de potasse, on n'a pas vite de réaction. Mais si l'on fait dissoudre le carbonate de potasse dans un peu d'eau et qu'on y ajoute le soufre, le mélange donne une division plus difficile du soufre, et de plus il se développe bientôt une odeur désagréable due à la combinaison partielle qui se produit.

Je ne parle pas de l'acide sulfureux ou sulfurique que peut

contenir le soufre incomplétement lavé et qui se combinent
alors avec la potasse; il y a de plus une réaction du soufre
sur le carbonate de potasse qui peut commencer même à
froid sous le pilon après un certain temps.

Lorsqu'on mélange certains extraits avec certains sels ou
oxydes métalliques avec lesquels les substances tanniques ou
résinoïdes ou gommeuses de l'extrait peuvent se combiner, il
faut avoir soin d'interposer le corps gras pour empêcher la
décomposition. Ainsi l'extrait d'opium, l'extrait. de ciguë,
avec certains sels, ceux de plomb par exemple, sont souvent
introduits dans des pommades.

Si l'on fait dissoudre l'extrait dans une petite quantité
d'eau et qu'on y ajoute le sel avant d'avoir ajouté le corps
gras, on aura un mélange grenu qui ne pourra plus se diviser dans l'axonge ou le cérat.

L'interposition du corps gras évitera au contraire cet inconvénient.

J'ai vu le même fait se produire avec l'extrait de ciguë et
l'iodure de plomb : on a ainsi une sorte de savon de plomb
qui ne peut plus se diviser.

Mais de plus il me paraît évident que les combinaisons
d'oxydes métalliques avec les matières résineuses ou gommeuses ou tanniques de certains extraits doivent modifier les
propriétés de la préparation et des principes actifs contenus
dans les extraits ou ajoutés dans les pommades; ces mélanges
divers peuvent former avec certains sels ou oxydes métalliques des combinaisons insolubles et qui seront difficilement
absorbées.

Non-seulement les sels réagissent les uns sur les autres
dans les préparations, à l'insu du médecin, non-seulement les
principes sur l'action desquels on comptait sont modifiés ou
neutralisés par l'intervention des sels ou des oxydes métalliques, mais certaines substances végétales sont incompatibles entre elles.

J'ai parlé des incompatibilités physiologiques, mais il en
est de chimiques sur lesquelles les ouvrages se taisent. Ainsi
l'extrait d'opium et l'extrait de ratanhia donnent lieu à un
précipité lorsqu'on les associe, ainsi que cela se voit si souvent dans des formules.

Dorlon.   8

Les extraits tanniques, l'iodure de potassium iodé précipi-
teront des alcaloïdes d'autres extraits.

L'ergotine et l'extrait d'opium donnent un précipité.

Mais je ne puis parler de l'ergotine sans rappeler que la
terminaison qui a été donnée au nom de cette substance est
beaucoup trop prétentieuse et ferait croire à tort qu'il s'agit
d'un alcaloïde. Ni l'ergotine de Wiggers ni celle de M. Bonjean ne constituent un alcaloïde. Wiggers a appelé ergotine
une substance résinoïde insoluble dans l'eau et soluble dans
l'alcool qu'il a extraite de l'ergot de seigle. M. Bonjean a
donné le même nom à l'extrait d'ergot qu'il a privé de matières gommeuses à l'aide de l'alcool. Aucune de ces deux
substances ne remplace l'ergot, et il est fâcheux que le même
nom ait été donné à deux substances si différentes, surtout
lorsque ce nom semble indiquer qu'il s'agit d'un alcaloïde.

Les formules dans lesquelles les médecins ont associé des
substances susceptibles de se décomposer entre elles sont
nombreuses, et le pharmacien se trouve plus d'une fois em-
barrassé pour les exécuter. De plus, le médecin, n'ayant jamais préparé les substances qu'il formule, serait parfois bien
gêné s'il était obligé de faire lui-même les mélanges qu'il a
formulés.

On voit associer les extraits tanniques de ratanhia ou de
quinquina à des sels de fer avec lesquels ils forment de
l'encre; assurément, si cette combinaison doit être utile, il n'y
a pas de raison pour ne pas l'ordonner.

Mais on pourrait au moins éviter au malade le désagrément
d'avaler un mélange aussi désagréable. Au moins pourrait-on
lui faire prendre les deux substances séparément.

Les sels de fer et les substances qui les décomposent peuvent
ainsi être donnés successivement au malade au lieu de les
mélanger.

C'est de la même manière qu'on fait prendre successivement de la limonade et de la magnésie pour obtenir un citrate
purgatif dans l'estomac; c'est aussi dans le même but qu'on
donne des boissons acidulées pour faciliter la dissolution du
sulfate de quinine, lorsque les malades n'ont pu se résoudre
à avaler ce sel en dissolution et ont préféré le prendre dans
du pain azyme.

Les médecins mélangent souvent de l'extrait de ratanhia et de l'opium dans une pommade ou dans des suppositoires, et ils ignorent que ces deux extraits réagissent l'un sur l'autre. Ils prescrivent souvent une telle quantité d'extrait qu'il est presque impossible de l'incorporer ; aussi les pharmaciens se voient-ils contraints de pulvériser l'extrait au lieu de le mélanger à l'état de dissolution concentrée. Et alors cette pulvérisation, qui n'a pas d'inconvénient pour les extraits déjà secs, peut amener la destruction et presque la carbonisation de certains extraits difficiles à dessécher.

Lorsque les proportions ne sont pas exagérées, on devra préférer la dissolution des extraits à leur dessiccation ; on les rapproche et on les concentre, toujours en évitant l'emploi des spatules de fer, ainsi que je l'ai déjà dit plus haut, et on peut alors les mélanger au corps gras.

Mais si les extraits peuvent réagir les uns sur les autres, il faut les mélanger successivement au corps gras, qui servira alors d'intermédiaire et empêchera les décompositions. Si les extraits ont été mélangés ensemble avant d'ajouter le corps gras, il est parfois impossible d'obtenir le mélange homogène avec le corps gras, surtout lorsqu'il s'agit d'un suppositoire pour lequel la quantité de corps gras est très-limitée.

Les médecins ignorent souvent quels sont les extraits secs ou liquides, quels sont ceux qui se dessèchent spontanément ou ceux qui sont déliquescents. Ils ne se rendent pas tous un compte suffisant du mode de préparation des médicaments et du résultat obtenu. Assurément c'est là l'affaire du préparateur, mais celui qui ordonne le remède aurait besoin de mieux connaître sa nature.

Il y a des difficultés qui doivent être résolues par le pharmacien seul et que le médecin n'a pas besoin de connaître, mais il en est d'autres que le médecin devrait prévoir et éviter dans ses formules.

C'est au pharmacien de savoir, par exemple, qu'il ne doit pas argenter certaines pilules, qu'il ne doit pas chauffer des sirops dans lesquels on lui prescrit d'ajouter des sels décomposables par la chaleur, le bicarbonate de soude par exemple. C'est encore à lui de savoir si certaines eaux distillées peuvent présenter des dangers et quelles précautions il doit prendre pour les éviter, pour l'eau de laurier-cerise par exemple ; il doit savoir quelles différences il y aura dans l'emploi du soufre sublimé, du soufre lavé et du magistère de soufre ; quelle distinction il faut établir entre le sel volatil de corne de cerf et le carbonate d'ammoniaque.

Mais en laissant à part les connaissances qui peuvent rester spéciales au pharmacien, il règne souvent dans les formules une obscurité regrettable. Certaines manières de formuler sont tellement imparfaitesq u'il est impossible au pharmacien de savoir, par exemple, en quel nombre de pilules il doit diviser certaines masses.

Des médecins ont l'habitude, après avoir énuméré les substances qui composent des pilules ou des paquets, d'écrire : faites 6 pilules ou faites 6 prises. Ils devraient toujours dire : faites 6 pilules ou prises semblables, après avoir fait précéder la formule de ces mots : pour un paquet ou pour une pilule, lorsqu'ils veulent que la dose formulée soit multipliée ; ou bien ils devraient préférer les mots : divisez en 6 pilules ou en 6 prises, lorsqu'ils veulent que la dose indiquée soit divisée (V. p. 68).

On m'objectera que l'examen de la formule suffit seul pour lever les doutes ; cela n'est pas toujours si facile, car certains médecins emploient des doses infiniment petites ; d'autres veulent faire usage de doses plus considérables, et plus d'une fois l'oubli du mot : *semblables*, a fait diviser une masse qui devait être multipliée.

Mais c'est là un petit inconvénient, à côté de celui qui consiste à formuler les substances à mélanger, à y indiquer une poudre pour faire la masse et à prescrire la division en pilules d'un poids donné sans en préciser le nombre.

C'est surtout lorsque la poudre ajoutée est active que la difficulté devient grande ; les uns ne comptent que le poids des extraits actifs, les autres font intervenir le poids de la poudre et comptent le poids total de la masse, et j'ai vu ainsi bien des formules exécutées de façons très-différentes dans des pharmacies également recommandables.

Certains extraits sont déliquescents et ramollis à un tel point qu'ils absorbent une grande quantité de poudre, et cela crée de grandes différences dans le poids total de la masse.

On voit que le pharmacien est parfois très-embarrassé pour exécuter des formules; mais il est des circonstances où les avis peuvent être partagés sur l'interprétation d'une formule. Ainsi on se demande si certains mélanges doivent être filtrés ou donnés troubles.

J'ai déjà dit quel parti on pouvait tirer des sirops pour dissoudre les matières résinoïdes de quelques plantes. Lorsque le médecin ne dit pas d'ajouter du sirop, doit-on filtrer les solutions d'extraits de quinquina ou de ratanhia? Je ne le pense pas, et cependant le désir d'obtenir une préparation de bel aspect et qui ne répugne pas au malade a conduit plus d'une fois les pharmaciens à filtrer de pareils mélanges.

On ne doit pas non plus filtrer les potions dans lesquelles des mélanges d'extraits qui se décomposent mutuellement, ainsi que je l'ai expliqué plus haut, ont formé des précipités. Ainsi l'ergotine et l'extrait d'opium, l'extrait de ratanhia et l'extrait d'opium, certains sels métalliques avec des extraits tanniques, donneront des précipités qu'on ne devra pas séparer par la filtration, quoique la teinte et l'aspect boueux de ces potions inspirent souvent une grande répugnance au malade (V. p. 68).

Les médecins ne savent pas toujours assez de chimie pour prévoir toutes les réactions qu'ils produisent. J'ai dit qu'ils dégageaient souvent de l'hydrogène sulfuré dans les bouteilles en associant le kermès à un sirop acide, l'oxymel scillitique par exemple. D'autres mélangent du sirop de violettes à des substances alcalines qui le verdissent ou acides qui le rougissent.

Je n'en finirais pas si j'énumérais toutes les réactions qui se produisent ainsi en présence de ces mélanges de substances réagissant les unes sur les autres.

Des sirops de fruits acides sont mêlés à du bicarbonate de soude dont la réaction alcaline donne un mélange, une teinte des plus sales, qu'on aurait pu éviter en employant du sirop simple, ou du sirop tartrique ou citrique dans le cas où on voulait obtenir un dégagement d'acide carbonique.

Mais il est deux cas que je veux citer, parce qu'ils ne sont guère connus, et que les ouvrages ne parlent pas de cette réaction.

Lorsqu'on prescrit l'oxyde blanc d'antimoine, on l'introduit souvent dans des potions pectorales où l'infusion de mauve ou de violette domine par la coloration bleue qu'elle communique au mélange; mais on oublie souvent que le sel employé sous ce nom, et dont l'action, pour le dire en passant, est presque nulle, n'est pas un oxyde d'antimoine, mais bien un biantimoniate de potasse qui rougit les infusions de mauve ou de violette.

Ce sel est un peu variable, selon les formules adoptées pour sa préparation, et il retient quelquefois de l'antimonite ou de l'hypo-antimonite de potasse, mais c'est toujours un biantimonate acide de potasse, et j'ai vu plus d'une fois des médecins et même des pharmaciens étonnés de la teinte rouge qu'ils obtenaient avec les infusions végétales bleues.

On devrait éviter de produire ces teintes sales qui dégoûtent le malade; ainsi rien n'est plus répugnant que la teinte qui résulte du mélange du kermès aux infusions pectorales.

La seconde réaction sur laquelle je voulais appeler l'attention est celle que l'opium, son extrait ou les préparations qui en contiennent donnent en présence des persels de fer; la coloration rouge qui en résulte est due à l'action de l'acide méconique sur les persels de fer : il ne faut pas s'en étonner, et cette coloration rouge intense peut même servir à reconnaître les persels de fer, ou bien à différencier de la morphine ou des alcaloïdes de l'opium cette substance elle-même ou son extrait, lorsqu'ils sont introduits dans une potion.

Je ne parlerai pas des mélanges dont la préparation peut amener des accidents graves, tels que les hypophosphites, les chlorates, lorsqu'on les triture avec certaines substances; on sait que l'évaporation des hypophosphites est à elle seule dangereuse.

Mais ce sont là des faits qui regardent plutôt le pharmacien que le médecin, bien que ce dernier puisse être jusqu'à un certain point tenu de ne pas les ignorer, quand ce ne serait que pour ne pas donner à celui qui exécute ses formules une preuve d'ignorance ou de connaissances incomplètes.

Assurément il existe des décompositions utiles et recherchées par le médecin; ainsi l'eau de Goulard, qui contient en suspension un précipité de sulfate et de carbonate de plomb, l'eau phagédénique, dont le précipité est variable selon les proportions relatives d'eau de chaux et de sel mercurique, ont été préparées avec l'intention d'obtenir un précipité.

Mais lorsque le médecin prescrit du sous-acétate en dissolution dans l'eau distillée au lieu d'eau ordinaire, a-t-il l'intention, oui ou non, d'obtenir une solution limpide?

Cette question, qui paraît oiseuse, a une certaine importance lorsqu'on la rapproche de certains faits cités par des oculistes, dans lesquels des incrustations plombiques ou des taches métalliques d'argent réduit provenant de collyres bouchés avec le liége ont été signalées.

L'eau distillée elle-même, lorsqu'elle est employée par le médecin, semble avoir été désignée dans le but d'éviter une décomposition du sel, et cependant elle renferme de l'acide carbonique lorsqu'elle n'a pas été soumise à l'ébullition, au même titre qu'elle contient de l'air en dissolution. Aussi se forme-t-il avec le sel de plomb basique un précipité.

On se rappelle que Thénard a utilisé cette action de l'acide carbonique sur l'excès d'oxyde de plomb contenu dans le sel basique, et M. Pelouze a montré que l'acide carbonique ne précipite pas l'oxyde de plomb en présence d'un sel neutre.

Lorsque Velpeau mélangeait la teinture d'iode à l'eau pour les injections dans les kystes ou dans la tunique vaginale, il laissait en suspension dans le liquide la portion d'iode qui ne pouvait plus être retenue en dissolution en présence de l'eau. Plus tard des formules, et entre autres celle de Guibourt, ajoutèrent de l'iodure de potassium afin de maintenir la totalité de l'iode en dissolution. Velpeau, qui ne négligeait rien de ce qui touchait à l'interprétation des propriétés thérapeutiques, discuta devant nous la question de savoir si la présence de l'iode à l'état de division et en suspension dans le liquide injecté ne pouvait pas avoir une action utile. Je n'ai pas à me prononcer sur ce sujet, je laisse la solution de la question aux hommes plus compétents que moi.

Je me contente de signaler ici la différence d'action selon qu'on a employé la première ou la seconde manière de faire. Assurément à côté d'une réaction prévue, il s'en présente plus d'une fois qui n'ont pas été étudiées, et la façon d'agir des médicaments n'a pas toujours été interprétée d'une manière complète.

J'ai déjà parlé à ce sujet de l'action irritante locale provoquée par des pommades rances et irritantes, et de l'eczéma hydrargyrique produit par la pommade mercurielle ancienne. A la faveur de cette irritation de la peau, le mercure peut et doit s'absorber très-rapidement dans bon nombre de cas, ce qui varie aussi avec l'irritabilité cutanée spéciale à certains malades et avec la région sur laquelle on a pratiqué les frictions (V. p. 98).

L'habitude qu'ont les pharmaciens de préparer une grande quantité de certaines substances, par cela même qu'elles sont ennuyeuses à faire, peut être cause d'une diminution dans les propriétés des médicaments. Certaines poudres sont faites en trop grande quantité, et je citerai en particulier celles de cantharides, de racine de belladone.

Le fait que j'avance est tellement vrai, que des poudres très-altérables, telles que celle d'ergot, ne doivent être préparées qu'au moment du besoin.

L'ergot entier lui-même est facilement altérable et je reviendrai plus loin sur ce sujet. Les emplâtres qui vieillissent sous formes de magdaléons se dessèchent à leur surface, et si le pharmacien ne sait pas les ramollir convenablement, on obtient alors des emplâtres grenus à leur surface. L'aspect seul de ces emplâtres indiquera au médecin que la préparation a été faite avec une masse altérée, résinifiée et desséchée à l'air.

Les parties dures qui forment les grains sont devenues plus foncées en s'oxygénant à l'air; le centre du magdaléon reste plus mou et moins coloré. L'emplâtre de Vigo devient tellement irritant en vieillissant, qu'il détermine presque toujours un eczéma hydrargyrique très-intense, à tel point que je me suis demandé plus d'une fois s'il n'était pas au moins aussi irritant que fondant (V p. 99).

Velpeau se demandait et posait à ses élèves la question de savoir si les médicaments employés comme fondants avaient besoin de passer par la circulation générale pour aller produire une action locale sur tel ou tel ordre de ganglions ou de glandes.

Il faudrait supposer alors aux médicaments une sorte d'intelligence ou de sélection qu'ils ne peuvent avoir. Assurément des médicaments peuvent agir plus spécialement sur certains organes ou certains appareils de préférence, mais on ne peut pas admettre un choix aussi spécial, pas plus qu'il n'existe de médicament destiné à détruire tel virus plutôt que tel autre. J'ai déjà insisté sur l'impossibilité d'admettre les médicaments spécifiques, au sens ancien attribué à ce mot. On sait aujourd'hui que l'iodure de potassium, par exemple, peut favoriser la résorption interstitielle et le travail de dénutrition, c'est ainsi qu'il agira comme fondant. Il agit ainsi sur la circulation qu'il excite et accélère, et peut-être aussi sur les globules dont il diminue la puissance d'adhésion (Gubler).

Le mercure agit d'une autre manière, en diminuant la tendance à la formation des produits plastiques.

Mais ces médicaments qui empêchent tous deux les produits plastiques de s'organiser, quoiqu'ils agissent de deux façons bien différentes, ne peuvent pas faire rentrer dans la circulation des éléments anatomiques de nouvelle formation, et parfaitement organisés, tels que des ostéoplastes ou des culs-de-sac glandulaires avec leurs éléments.

Cependant, et c'est là que je voulais en venir, pour répondre à la question que j'ai posée plus haut et qui était aussi celle de Velpeau, il ne faudrait pas nier que le mercure ou l'iodure de potassium absorbés pussent agir localement sur les éléments anatomiques de la région sur laquelle ils sont appliqués.

S'ils ne devaient pas avoir d'action locale par absorption, ou par imbibition de proche en proche, autant vaudrait frotter la région inguinale pour guérir un ganglion axillaire. Je crois que le traitement interne par l'iodure de potassium est de beaucoup plus sûr que les applications locales, mais il ne faudrait pas nier leur action. L'imbibition de proche en proche et l'absorption se produisent lorsque les matières grasses ou les produits qui les dissolvent peuvent se mêler aux substances de même nature qui enduisent l'épiderme, et le médicament peut ainsi pénétrer dans les orifices des glandes de la peau.

Si les substances ne sont pas mélangées à des corps gras, il faut admettre qu'elles rencontrent des liquides auxquels elles peuvent se mêler, et le plus sûr moyen sera alors de net·toyer la peau de son enduit gras, qui empêche l'eau de la mouiller. Cette opération peut être faite avec des alcalis, de l'éther ou de l'alcool éthéré, et j'ai déjà indiqué ainsi un moyen d'absorption pour les alcaloïdes en dissolution concentrée dans l'eau alcoolisée ou dans l'eau seule. Enfin, si l'épiderme est enlevé, il est évident que l'absorption sera facile, à la condition de détacher ces fausses membranes qui recouvrent les surfaces dénudées. Il n'est pas besoin que le derme soit dénudé sur une grande surface pour que l'absorption soit possible; il est certain que les surfaces irritées après l'emploi de sinapismes ou de frictions qui ont déterminé ces vésicules dont le sommet se déchire si facilement, offrent des conditions favorables. Toutefois la sérosité qui s'écoule du derme dénudé peut entraîner une grande quantité du médicament appliqué dans les pansements. Les surfaces irritées absorbent évidemment, lorsque l'épiderme est enlevé ou fendillé par places, et c'est ainsi que se produit souvent l'absorption des virus, car le virus lui-même, à moins d'un séjour très-prolongé, ne peut guère traverser l'épiderme que dans des conditions exceptionnelles, à moins de lui attribuer des propriétés corrosives. J'observerai toutefois que les mucus qui portent les virus adhèrent plus facilement à la peau, en raison de leur viscosité, et la mouillent beaucoup mieux que ne le ferait de l'eau, ce qui peut rendre dans ce cas l'imbibition plus facile (V. p. 99).

L'alcalinité de certaines sérosités peut aussi créer une condition favorable à l'absorption, en permettant à cette sérosité de mouiller la peau.

Certains corps gras peuvent se mêler au moins à une petite portion de mucus visqueux ou de liquides alcalins, mais je ne crois pas qu'il faille expliquer ainsi un fait que je vais citer.

Je suis convaincu que les pommades sont souvent nuisibles à la surface des chancres et de certains ulcères et qu'il vaut mieux employer des lotions ou des poudres, parce que le malade met sur la plaie une trop grande quantité de corps gras qui coule au loin. Je ne crois pas que le corps gras se mêle au virus pour l'entraîner au loin, mais je pense plutôt que, s'il irrite la surface ulcérée, il provoque une sécrétion exagérée de sérosité inoculable qui coule au loin, non pas mêlée au corps gras, mais à côté de lui, entraînée pas cette matière grasse qui s'étale à une certaine distance.

Quoi qu'il en soit, j'ai vu plus d'une fois un ulcère s'étendre après l'emploi des corps gras, et je crois que les médicaments doivent être employés sous une autre forme. Suis-je tombé dans le même défaut que tant d'autres ; ai-je attribué à la pommade ce qui n'était dû qu'à la maladie ; ai-je été victime de coïncidences, cela est possible, mais on pourra s'assurer facilement que les corps gras irritants placés sur une surface humide en déplacent le liquide et l'entraînent à côté d'eux en coulant au loin ? Il est tout différent, en pareil cas, de mettre une pommade en excès sur la surface ulcérée ou de ne graisser qu'avec une petite quantité d'un corps gras quelconque les bords de la plaie afin de la protéger du contact du virus qui peut s'écouler. On peut avec certains médicaments modifier l'ulcère et détruire le virus.

M. Netter a proposé un nouveau moyen de traitement pour certains ulcères et en particulier pour les plaies atteintes de pourriture d'hôpital. Son traitement a été, dit-on, appliqué avec succès au pansement des ulcères phagédéniques par un autre praticien. Je crois que l'expérience doit passer avant tous les raisonnements preconçus, et qu'on doit s'incliner devant les résultats. Mais ici les faits ne sont pas encore nombreux et l'interprétation est plus complexe qu'elle ne semble devoir l'être au premier abord. La pourriture d'hôpi-tal, comme bon nombre d'ulcères, comme les plaies diphthéri-tiques, etc., comprend, à part l'état local, l'étude, l'examen et le traitement de l'état général duquel il faut tenir grand compte, et je suis étonné qu'une foule de maladies que do-mine un état général particulier soient soignées à l'aide d'un traitement purement local.

Je le répète, je m'incline devant les faits ; mais n'a-t-on pas vu des médecins de très-bonne foi et aussi sincères que possi-ble traiter les mêmes plaies, les uns avec le baume d'Arcéus, les autres avec l'eau alcoolisée ou les hypochlorites ou l'eau phéniquée et obtenir des succès ? Ces exemples prouvent qu'il ne faut pas trop se hâter de conclure, même en présence de résultats heureux, et nous montrent la difficulté des expériences thérapeutiques.

C'est qu'en effet, ainsi que nous l'avons déjà montré, bien des circonstances peuvent influer sur les résultats. Les découvertes successives de la science font souvent changer l'interprétation primitive. J'ai déjà fait voir comment le premier alcaloïde d'une plante étant découvert, on ne devait pas trop vite lui attribuer les propriétés de la substance, un autre alcaloïde ou une autre substance active pouvant être plus tard signalés dans la même plante. C'est ainsi que dans l'opium, des alcaloïdes ayant des propriétés très-différentes ont été successivement découverts et étudiés par M. Claude Bernard. Un des exemples les plus intéressants de ces difficultés que présente l'interprétation des faits, est l'emploi de la tisane de Feltz. Est-ce au sulfure d'antimoine, à l'oxyde d'antimoine, au sulfure de mercure ou à l'acide arsénieux qu'est due l'action de cette préparation? Je crois avec M. Guibourt que c'est plutôt à l'acide arsénieux que contient le sulfure d'antimoine et le sulfure d'arsenic. On a bien longtemps employé le sulfure d'antimoine empiriquement, sans se rendre compte de sa manière d'agir.

On voit combien l'étude de la chimie est précieuse et utile pour celui qui veut se rendre compte des faits qu'il observe et des résultats qu'il obtient.

Mais à côté de ces interprétations dont la chimie nous donne la clef, il y a de nombreux faits qui restent inexpliqués ou imparfaitement expliqués. C'est ainsi que la découverte de la méthylamine dans les produits de la torréfaction du café a conduit des praticiens distingués à remplacer le café dans la thérapeutique par l'acétate de méthylamine.

Dès qu'un principe est découvert dans une plante, des médecins s'empressent de laisser de côté la substance qu'ils employaient.

Les eaux minérales nous offrent un exemple de ces difficultés qu'on a éprouvées à interpréter leur action par les résultats donnés par certaines analyses L'eau de Bussang contient une quantité notable d'arsenic qui n'est pas signalée dans les analyses que des ouvrages classiques nous donnent,

mais cet arsenic se dépose avec le temps sur les parois inté-
rieures des bouteilles. L'eau qui a été longtemps conservée ne
contient donc plus d'arsenic. On s'explique ainsi la différence
qui peut exister entre l'eau prise à la source et celle bue longtemps après son transport dans les bouteilles. Dans les eaux
thermales, certains principes se déposent qui étaient dissous
dans l'eau bue à la source même. Quant à l'eau de Bussang, il
est probable que cet arsenic doit lui donner des propriétés qu'on
n'expliquait pas primitivement. Dans certaines sources de
Vichy il existe même une petite quantité d'arsenic, ainsi que
M. le professeur Chevallier l'a signalé, et les ouvrages n'en
font pas mention. Les eaux artificielles ne contiendront évidemment pas de traces d'arsenic, et je n'ai pas besoin d'insister sur les différences d'action qu'elles présenteront si on
les compare aux eaux naturelles. Il est certain que bien
d'autres principes existant dans les eaux naturelles et doués
de propriétés spéciales ont pu échapper longtemps aux analyses, et que l'eau renfermée dans les bouteilles et séjour-
nant plus ou moins longtemps dans des magasins, ne représente plus exactement celle qui est bue à la source même.

Un certain nombre de principes, classés sous le nom vague
de matières organiques ou extractives, disparaissent aussi
dans les analyses comme s'ils étaient sans importance, et on
peut avec le temps leur attribuer une action qu'on n'avait pas
signalée jusque-là. Je citerai à ce sujet les eaux de Baréges
et des bains d'Arles, dans lesquelles on a signalé la présence
de la barégine et de la glairine, substances organiques dont
l'utilité est peut-être plus grande qu'on ne le pense. Je
laisse de côté l'influence si grande du changement de lieu,
d'air, d'habitudes qui vient souvent en aide à l'action de l'eau
minérale et a souvent plus d'importance qu'elle. Le climat de
la localité dans laquelle on envoie un malade, et le genre de
vie qu'il y mène, sont des points importants pour les résultats
qu'on cherche à obtenir, et pour ma part j'ai conscience que
les voyages que j'ai faits dans les Pyrénées dans le but de ré-
tablir ma santé, m'ont rendu plus de services que les eaux que
j'aurais pu y boire.

Dans un médicament, une substance considérée comme
accessoire peut souvent être plus utile qu'on ne le croyait

tout d'abord La teinture d'iode a pu être remplacée par l'alcool dans un certain nombre de cas, ainsi que le témoignent des observations de M. le professeur Laugier dans lesquelles l'alcool a été injecté au lieu de teinture d'iode. L'alcool n'est donc pas seulement un véhicule, mais bien un des agents auxquels est due l'efficacité de la teinture. L'iode n'est pas absorbé tout d'abord, il faut que la couche épidermique soit préablement altérée, et M. le professeur Gubler a bien précisé les conditions de cette absorption.

Je ferai observer que, dans la teinture d'iode, l'alcool employé est concentré, et que son degré est assez élevé pour amener une irritation de la peau très-marquée : Je ne nie pas cependant que l'iode puisse concourir à cette action irritante. M. Gubler a montré que le passage de l'iode dans la circulation n'a pas lieu quand l'inflammation est trop vive et que la région est normalement le siége d'une exhalation active.

J'ai déjà remarqué que les sels de morphine appliqués sur une surface privée de son épiderme et très-irritée s'absorbent souvent assez mal parce que l'exhalation séreuse entraîne avec elle au dehors une certaine partie du médicament. Quant à la disparition de l'iode sous une toile cirée appliquée hermétiquement et aux nouvelles combinaisons incolores qu'il forme, il faut se rappeler que, si la sueur est acide, elle ne présente pas partout et toujours cette réaction ainsi que M. le professeur Robin l'a fait remarquer. D'abord une sérosité alcaline indépendante de la sueur peut suinter des parties irritées dont l'épiderme a été détaché et l'iode a pu se combiner alors aux alcalis et en particulier à la soude que ce liquide renferme. On sait qu'en présence d'un alcali l'iode perd sa couleur et forme un mélange d'iodure et d'iodate. La sueur de certaines régions est naturellement alcaline, ainsi que M. Robin et M. Donné l'ont démontré.

J'ai cependant cherché à vérifier ces résultats de M. Robin et je n'ai pas trouvé toujours que la sueur de la région inguino-scrotale fût alcaline au papier de tournesol comme l'auteur le dit. Mais je ferai observer, ainsi que M. Robin le dit lui-même, que l'odeur est due à des acides valérique, caproïque, butyrique, qui sont tous volatils et que l'odeur de ces sueurs n'empêche pas toujours qu'elles aient une réaction alcaline.

L'acide volatil se perd, ce qui se produit très-facilement, et il ne reste ensuite qu'un liquide à réaction alcaline. De plus, des valérates ou des caproates, tout en conservant l'odeur due à leurs acides, peuvent présenter la réaction alcaline. Enfin l'alcali est très-fixe, et l'acide est plutôt libre que combiné aux alcalis dans la sueur générale étudiée par M. Favre. L'élévation de la température suffit pour volatiliser les acides caprilique, caproïque, butyrique, valérianique, formique ; et la sueur devient assez fortement alcaline d'après M. Redtenbacher et M. Lehmann. On comprend donc que l'iode puisse rencontrer assez de soude libre pour former un liquide incolore dans ces conditions.

Je laisse de côté les cas où des linges récemment blanchis et toujours alcalins, comme cela arrive en pareil cas, auraient pu eux aussi fournir une certaine quantité d'alcali ; ce cas n'est pas admissible pour un expérimentateur aussi habile que l'est M. Gubler, et, du reste, la teinte que l'amidon produirait sur le linge ainsi que la tache d'iode seraient un avertissement suffisant.

Je ferai remarquer cependant qu'un grand excès d'amidon, lse alcalis ou la chaleur peuvent décolorer l'iodure d'amidon. Toutefois, j'ai déjà dit que l'iode, à la façon du chlore, pouvait facilement s'emparer de l'hydrogène des matières organiques et j'ai montré comment l'huile le décolorait avec le temps : il ne serait donc pas impossible qu'une certaine quantité d'iode pût former ici des combinaisons nouvelles en s'emparant de l'hydrogène. Peut-être enfin l'iode rencontre-t-il des émanations d'ammoniaque et se combine-t-il à ce gaz.

Revenons à l'interprétation de l'action des médicaments.

Un remède étant proposé, puis d'autres venant à donner le même résultat, on aurait lieu souvent d'être très-surpris de voir des moyens si différents en apparence conduire au même but. Mais, en y réfléchissant bien, on pourra constater quelquefois que des moyens différents réussissent parce qu'ils offrent en réalité quelque chose de commun.

M. le professeur Gubler, notre cher maître, a bien voulu présenter en mon nom, à l'Académie, un petit travail qui montrait qu'un réactif donné pour reconnaître l'acide cyanhydrique pouvait induire les chimistes en erreur parce que d'autres substances très-différentes *a priori*, mais ayant quelques propriétés communes, produisaient la même réaction. En suivant cette méthode qui consiste à bien interroger les diverses manières d'agir d'une substance et à voir s'il n'y a pas de points de ressemblance, on arrive à comprendre ce qu'il y a de commun dans des faits très-différents en apparence. Si j'applique cette méthode à l'examen de certains traitements, j'arrive à les interpréter d'une façon toute particulière. Ainsi, étant donnée une brûlure au premier et au second degré, les uns emploient divers sels, les autres un morceau de baudruche; enfin, dans ces derniers temps, on a beaucoup vanté un remède banal qui consistait à appliquer une couche de vernis. Pour moi, tous ces moyens concourent au même but qui est de recouvrir d'une couche protectrice l'épiderme altéré ou même complétement enlevé. Le froid est assurément le premier remède contre la douleur; aussi a-t-on proposé les applications éthérées, les lotions froides, les remèdes réfrigérants. Mais si vous voulez recouvrir les papilles du derme dénudées pour arrêter les douleurs provoquées par cette dénudation, vous pourrez y arriver soit à l'aide de corps gras étendus sur un papier spécial, soit avec un vernis, soit avec une baudruche gommée comme le fait M. Laugier. Ce dernier procédé me paraît le meilleur de tous, parce que la transparence de la baudruche permet d'examiner l'état des parties et parce qu'il est facile de donner issue au pus qui pourrait se former sur certains points isolés. Le carbonate de plomb lui-même en pommade ou en poudre peut rendre des services ici comme dans d'autres lésions cutanées, parce qu'il forme un enduit protecteur et absorbant. L'eau blanche elle-même ou plutôt les applications successives d'ammoniaque et d'extrait de Saturne qui réussissent si bien dans des brûlures très-légères, n'agissent selon moi qu'en produisant sur place un enduit de carbonate et de sulfate de plomb dans le premier cas, et d'oxyde de plomb dans le second. Il est bien entendu qu'il faudra avant tout tenir compte de la nature de la substance qui a causé la brûlure et faire des lotions alcalines ou acidules, selon que la plaie pourra contenir des acides ou des alcalis. Les brûlures de phosphore laissant de l'acide phosphorique fixe dans la plaie, on les lavera surtout avec l'eau de chaux ou des alcalis non caustiques et dilués. Les eschares qui résultent de la potasse caustique peuvent conserver de la potasse, et l'action peut ainsi se continuer : aussi faudra-t-il les laver à l'eau vinaigrée. Les brûlures à l'acide sulfurique seront traitées évidemment comme celles à l'acide phosphorique.

J'avais dernièrement laissé couler dans mes mains de l'acide phénique, et, quoique je me fusse lavé avec soin, une partie de l'acide, en pénétrant le derme sous-unguéal, me causa des douleurs très-violentes; mais ici l'eau était un dissolvant insuffisant, les alcalis neutralisent mal cet acide, et je ne pus calmer les douleurs qu'en trempant les doigts dans l'alcool. Le soulagement fut alors instantané, grâce à la puissance dissolvante de ce corps sur l'acide phénique, et quelques gouttes d'huile firent ensuite disparaître cette tension désagréable de la peau qui résulte d'une sorte de tannage produit par l'acide phénique. On voit que la chimie peut parfois avoir quelque utilité; elle peut ainsi expliquer certains faits.

Les caustiques comme le nitrate d'argent, qui forment avec la sérosité un précipité, ne pénètrent pas profondément; l'azotate d'argent rencontre des chlorures alcalins et forme avec eux un chlorure insoluble ou peu soluble, malgré la présence de chlorures alcalins.

Je laisse de côté ici l'intervention des matières albuminoïdes. Il est impossible que des lavements au nitrate d'argent agissent s'ils sont donnés, comme je l'ai vu faire, avec des appareils métalliques, et si la dose ne dépasse pas la quantité nécessaire pour précipiter les matières muqueuses ou autres, riches en chlorures, qu'on rencontre dans l'intestin.

J'ai parlé plus haut de l'action tannante de l'acide phénique et de sa puissance coagulatrice sur l'albumine qui empêche sa pénétration au loin. Pour la potasse caustique, les couches adipeuses sous-cutanées chez les gens gras empêchent le caustique de pénétrer trop loin. Le perchlorure de fer forme avec le sang un coagulum utilisé dans le traitement des anévrysmes et des varices. Mais ce coagulum peut se redissoudre avec le temps en présence de l'albumine en excès. Sur les plaies ou sur les muqueuses, le perchlorure de fer n'est plus dans les mêmes conditions et il peut produire des eschares (V. p. 69 et 35). On a cité dans ces derniers temps deux cas de gangrène du vagin par Derlon.

le perchlorure de fer, et tout récemment un fait malheureux a montré le danger de l'emploi de l'acide phénique à l'état de concentration. Les acides fixes, sulfurique, phosphorique cautérisent très-profondément parce que rien ne fait obstacle à la propagation de leur action ; l'acide acétique, que je dois citer, puisqu'on a vanté l'emploi d'une pâte préparée avec cet acide pour la cautérisation de certains cancers, peut aussi produire des accidents en coulant dans des cavités et j'en ai vu un exemple regrettable. La fixité des caustiques et leur inaltérabilité seront des conditions d'énergie.

Il faut avouer que, pour beaucoup de médicaments, l'inaltérabilité est la première condition d'action, bien que, dans certains cas dont j'ai donné des exemples, des décompositions chimiques puissent accroître l'énergie des médicaments. On emploie quelquefois des substances tellement altérables que je crois qu'on devrait renoncer à leur emploi sous cette forme ; je veux parler de l'acide cyanhydrique médicinal. Cette préparation sert si rarement qu'elle est presque toujours altérée, aussi ne devrait-on se servir que de l'eau de laurier cerise qui renferme 25 à 30 milligr. d'acide pur, c'est-à-dire 30 centigr. d'acide médicinal par 30 gr. Cette eau se conserve assez bien ; on pourrait encore employer une solution de cyanure de potassium acidifiée. Peut-être le pharmacien qui n'a pas d'acide prussique récemment préparé ferait-il mieux de le faire au moment du besoin, ainsi qu'on l'a conseillé avec le cyanure de potassium et l'acide tartrique. Je rappellerai que le procédé employé pour préparer l'acide prussique influe beaucoup sur sa conservation (V. p. 70).

Les ressources de la chimie appliquée à la thérapeutique s'appliquent non-seulement à l'étude des médicaments, mais aussi à l'étude des symptômes et du diagnostic.

L'examen des urines et des sécrétions ne peut être traité ici, quelque attrait que cette étude puisse avoir pour moi, mais elle m'entraînerait trop loin.

On sait que l'examen des dents et de la cavité buccale, en révélant l'existence de sulfures métalliques d'une couleur spéciale, a pu guider le diagnostic. Mais il est une autre coloration sur laquelle l'attention des praticiens ne me paraît pas suffisamment fixée, je veux parler de celle que j'ai constatée plus d'une fois chez les gens qui avaient fait usage de mercure en gargarismes ou en solutions dans lesquelles le sel mercurique subissait une réduction. Ainsi des gargarismes d'eau édulcorée et additionnée de bichlorure qui se réduit, réussissent bien dans les cas d'ulcérations syphilitiques de la cavité buccale ou de l'isthme du gosier, mais amènent une coloration brune grisâtre des dents. Celles-ci prennent la nuance de la terre de pipe qui a été pénétrée par le jus du tabac. Ce n'est plus seulement un liséré, mais une coloration d'ensemble. Les sels de fer administrés sous forme de solution et même un certain nombre de matières colorantes peuvent pénétrer les dents. Chez les gens qui chiquent le tabac, et même chez les fumeurs qui font usage de tuyaux courts, il est rare de trouver des dents blanches. Mais dans les cas qui nous occupent, avec le fer, et surtout le mercure, dans les conditions que j'ai indiquées, on doit faire la part des dégagements d'hydrogène sulfuré et de sulfhydrate d'ammoniaque qui se produisent surtout chez les syphilitiques dont l'haleine est souvent fétide, et chez les femmes anémiques dont les digestions sont fréquemment accompagnées de dégagements de gaz sulfuré.

J'ai parlé tout à l'heure de l'acide cyanhydrique et de son altérabilité comparée à celle du cyanure de potassium ; cependant ce cyanure se décompose assez facilement, surtout lorsqu'on l'emploie en cristaux au lieu de se servir de masses fondues et conservées dans des flacons bien bouchés. Beaucoup de sels risquent ainsi d'être administrés dans un état de conservation incomplète. L'acétate de potasse, par exemple, tombe en déliquium et se transforme én carbonate, ainsi que M. Pelouze l'a démontré : et je ne parle pas ici de la potasse libre ou du carbonate qu'il contient assez souvent par un défaut de préparation. On affirme du reste que c'est à l'état de carbonate que les sels à acide organique doivent passer en subissant les transformations qui se produisent dans l'organisme.

Je n'en finirais pas, s'il fallait tracer ici l'histoire de toutes ces transformations qui se produisent, soit dans le flacon du pharmacien, soit dans la bouteille donnée au malade. Ainsi que je l'ai dit, les unes sont provoquées par le médecin, soit avec connaissance de cause, soit trop souvent à son insu ; les autres sont dues à une foule d'autres circonstances qui rentrent dans l'étude des falsifications ou des altérations des médicaments, étude que je ne puis faire ici parce qu'elle me conduirait trop loin.

Et cependant le médecin ne doit pas ignorer les propriétés chimiques de certaines substances qu'il emploie. J'ai vu un cas de mort produit par un érysipèle qui a suivi des applications caustiques d'acide sulfurique, sous forme de traînées. J'ai déjà cité les exemples de gangrène du vagin publiés dans ces derniers temps ; on doit les attribuer à des tamponnements au perchlorure de fer mal faits (V. p. 69).

J'ai parlé de trois cas rapportés par M. Tillaux, qu'il faut ajouter au dossier de l'acide phénique, et dans lesquels ce corps a produit la gangrène (V. p. 35).

J'ai été appelé ces jours derniers chez une dame qui, sur la foi des prospectus, employait une solution phénique contre un prétendu érysipèle, et je ne l'ai guérie qu'en lui persuadant qu'elle devait cesser l'emploi de cet acide.

La confiance inspirée au public par les observations de deux ou trois médecins qui accommodent ce médicament à toutes les maladies, est poussée à un tel point, même chez des personnes intelligentes, que je ne puis comparer cette vogue qu'à celle du Raspaillisme le plus effréné.

Il y a des propriétés que les médecins ne peuvent pas ignorer sous peine de produire les accidents que je viens de signaler plus haut. La déliquescence de certains sels, qui au premier abord paraît n'avoir qu'un intérêt purement pharmaceutique, doit être également connue des praticiens qui les emploient ; ainsi les chlorures de zinc, d'antimoine, peuvent fuser à une certaine distance du point où ils ont été appliqués. La potasse caustique forme, lorsqu'on n'y prend pas garde, une eschare beaucoup plus étendue qu'on ne pourrait le croire : elle est hygrométrique et peut fuser au loin ; j'ai déjà parlé de sa combinaison avec l'eschare et des causes qui arrêtent sa marche.

Un certain nombre de médicaments s'altèrent assez rapidement : des sirops par exemple fermentent ; ils sont refaits et rendus acceptables par le pharmacien à l'aide d'une opération qui consiste à les recuire et à les passer ou à les filtrer de nouveau.

Mais leur sucre s'est parfois transformé en glucose, surtout s'ils sont acides, et ils peuvent avoir perdu leurs propriétés en totalité ou en partie par suite d'altérations qui ne peuvent pas toujours être réparées. Si l'iodure d'amidon s'altère avec le temps et devient insoluble, si des emplâtres se dessèchent et se résinifient, si des pilules durcissent, tous ces produits ne sont pas rejetés ou perdus : ils subissent une réparation qui permet de les utiliser de nouveau (V. p. 97).

Goûtez du sirop de raifort composé, récemment préparé, et vous verrez la différence qu'il présente lorsqu'il est trop ancien. Celui qui est fait à froid n'est pas non plus le même produit que celui qui est préparé d'après le procédé du Codex.

Il n'est pas jusqu'à la chlorophylle ou l'albumine végétale improprement désignée autrefois sous le nom de fécule, dans les extraits, qui ne puisse avoir quelque importance. Mon cher maître M. le docteur Delpech, a montré dans un travail récent que les plantes vertes étaient un des agents thérapeutiques les plus sûrs dans le traitement du scorbut et que cette maladie était en grande partie due à la privation des légumes frais. Les sucs d'herbes, selon qu'ils sont préparés à chaud ou à froid, constituent des préparations toutes différentes, parce que l'albumine, en se coagulant, entraîne des principes qui restent dans la liqueur préparée à froid.

Lorsqu'un médecin veut se permettre un jugement sur un médicament qu'il ordonne, il faut donc qu'il soit suffisamment initié aux secrets du métier. Dernièrement encore un médecin faisait rejeter par son malade un sirop de mûres préparé par fermentation du suc, ainsi que le Codex le recommande ; il n'avait vu probablement jusqu'alors que cette espèce de conserve ou de confiture faite d'après un procédé spécial et vendue dans certaines officines sous le nom de sirop. Ce sont là des faits malheureux, parce qu'ils établissent fatalement une lutte entre deux professions qui devraient être unies dans l'intérêt de tous.

C'est selon moi une ignorance incomplète des faits qui se rattachent à l'étude de la chimie appliquée à la thérapeutique, qui a créé cet engouement récent pour le phosphure de zinc qu'on substitua à l'huile phosphorée employée par M. Delpech dans le traitement des paralysies.

La thèse de M. le Dr Reulos signale les résultats de

mes recherches sur l'élimination du phosphore à l'état de phosphate dans les urines, et je ne crois pas que la totalité de ce médicament soit ainsi brûlée et oxydée pour être éliminé par les urines.

J'e n'ai pas trouvé que l'administration du phosphore à l'intérieur augmentât notablement la quantité de phosphates contenus dans urines. Les expériences que j'ai vu faire par M. Milne-Edwards à la Sorbonne et que j'ai répétées m'ont démontré que le phosphore injecté dans les vaisseaux est en grande partie rejeté par les voies respiratoires, sous diverses formes et à différents degrés d'oxydation : acide phosphorique phosphoreux ou phosphatique hydraté.

Quant à l'hydrogène phosphoré, on n'a pas de meilleure manière de la préparer qu'en prenant un phosphure ; ce dernier présente donc des conditions d'instabilité, qu'on a niées à tort, et les potions à l'huile phosphorée titrées que j'ai plus d'une fois préparées moi-même et administrées aux malades dans le service de M. le Dr Delpech, contenaient le phosphore parfaitement divisé après l'émulsion de l'huile.

Je persiste à croire qu'une emulsion analogue avec ou sans huile sera un excellent moyen d'administrer certains médicaments.

La scammonée, certaines résines, le musc lui-même, le chloroforme, seront ainsi divisés dans quelques gouttes d'huile d'amandes ; puis l'huile est absorbée à l'aide du sucre. Enfin on ajoute un peu de gomme arabique, et on a divisé ainsi très-bien ces substances ; le musc et la scammonée ne laissent pas de résidu quand il sont purs.

Des essences, celle de térébenthine par exemple, des oléo-résines peuvent être aussi émulsionnées avec ou sans huile. Le jaune d'œuf a été employé souvent dans ce but ; il agit à la fois par sa matière grasse et en donnant de la viscosité au mélange ; mais il ne contient pas assez de matière grasse pour diviser la scammonée ou l'asa fœtida par exemple ; on doit alors ajouter d'abord quelques gouttes d'huile, puis on mélangera le jaune d'œuf si l'on ne veut pas mettre de gomme arabique.

J'insiste avec raison sur le mot gomme arabique parce que bon nombre de médecins poussent l'ignorance de la pharmacologie jusqu'à prescrire 8 à 10 grammes de gomme adraganthe par potion de 180 grammes; ce qui ferait une gelée très-dure. J'ai vu des ordonnances indiquant comme devant être prises par cuillerées à soupe toutes les heures une potion de 35 grammes, c'est-à-dire ne représentant guère que deux cuillerées.

Les altérations des médicaments se produisent parfois dans des circonstances très-importantes pour le praticien, l'ergot de seigle m'en offre un exemple important. Si sa poudre s'altère rapidement, ce qui a donné à M. Pajot l'idée de se servir d'un moulin pour l'obtenir au moment du besoin, il ne faut pas croire que la substance entière soit toujours à l'abri des reproches. Des animaux la rongent comme d'autres dévorent l'opopanax, la cantharide, le jalap, les racines de belladone et d'angélique.

Pour certaines substances, l'opopanax et le jalap par exemple, cette altération a été considérée comme utile au point de vue de l'extraction de la résine, parce qu'en diminuant la quantité d'amidon dévorée par les insectes, elle augmente la proportion de la résine. Mais il n'en est pas de même pour l'ergot. De plus, l'ergot ainsi altéré a été souvent remis au four et vendu comme s'il était de bonne qualité.

Si le médecin veut moudre lui-même l'ergot comme le conseille M. Pajot, il faut qu'il l'examine avec soin à la loupe et qu'il en brise quelques morceaux, pour s'assurer qu'il n'a pas pris l'humidité et qu'il n'a pas été piqué. Peut-être pourrait-on éviter ces inconvénients que j'ai vus se produire plus d'une fois même dans des flacons bouchés. Rien n'est plus curieux que cette génération si rapide et si abondante d'animaux qu'on pourrait certainement empêcher à l'aide de certaines précautions. Il faudrait par exemple mettre dans de petits tubes de verre, parfaitement séchés et chauffés pour en raréfier l'air, une dose de 4 grammes par exemple, c'est-à-dire un poids convenu d'ergot pulvérisé ou entier.

On boucherait avec un bouchon de liége recouvert d'un lut fait avec une partie d'huile de lin et 4 parties de gutta-percha. On protége ainsi complétement les substances du contact de l'air. Ce mélange peut permettre de boucher hermétiquement des flacons ; il ne se fendille pas comme la gutta-percha pure et j'ai pu l'appliquer sur des bouchons que j'ai immergés dans la pâte chaude et rendre le liége inattaquable aux acides.

On recouvre ainsi les bouchons avec cette cire à la gutta-percha qui doit déborder le goulot du tube, et on est certain d'éviter de cette façon l'entrée de l'air. J'ai pu ainsi conserver dans des flacons et sous des cloches des substances volatiles, ainsi des cristaux d'iodure de cyanogène qui s'étaient perdus dans un vase luté avec du mastic de vitrier. Ce mastic à l'huile et à la gutta dure plusieurs années sans se fissurer, et on peut même avec avantage augmenter un peu la dose de l'huile de lin.

On avait proposé la cire pour rendre les bouchons de liége imperméables et inattaquables aux acides, mais je préfère de beaucoup ce mélange. J'ai essayé aussi à l'employer pour enrober des crayons d'azotate d'argent fondu blanc : on sait que ces crayons sont souvent faits avec un mélange de nitrate de potasse et d'azotate d'argent ; de plus il sont très-fragiles, et on a proposé d'y adapter un fil central pour éviter qu'ils ne se cassent.

On a vu d s fragments tomber dans des cavités, et bien que les chlorures et l'albumine permettent d'éviter les accidents qui peuvent paraître menaçants au premier abord, on a cherché à empêcher cet accident. J'ai remplacé le fil central qui se détruit et est difficile à appliquer, par une couche de gutta-percha à l'huile de lin qui peut se tailler avec un crayon. Cette couche grossit un peu le crayon, mais on peut le tenir à la main sans se tacher les mains, et si le porte-nitrate ordinaire le contient mal, on peut le placer sur une pince à anneaux à mors assez larges ou sur un porte-crayon à dessin.

Toutefois on peut diminuer le volume du cylindre de nitrate et faire en sorte qu'avec l'enveloppe de gutta-percha, le volume soit assez petit pour qu'il puisse entrer dans la pince du porte-nitrate ordinaire. Un certain nombre de substances altérables pourraient être ainsi conservées dans des flacons lutés, comme je l'ai indiqué pour l'ergot de seigle, et, si la conservation laissait à désirer, on pourrait placer au fond du flacon quelques grains de camphre ou d'acide phénique qu'on séparerait de la substance par une rondelle de drap ou de flanelle ; l'odeur de ces substances pouvant inspirer quelque répugnance au malade, je préfererais mettre quelques fleurs de lavande au fond du flacon, toujours en interposant une rondelle de laine. On pourrait encore placer ces substances conservatrices dans un sachet, ce qui permettrait d'empêcher les vers, les acares ou les insectes de les dévorer.

Certaines poudres, celles de quassia amara ou de pyrèthre dite du Caucase pourraient servir comme agents conservateurs. Mais le quassia devra être mélangé aux substances qu'on veut conserver ; il sert à faire le papier tue-mouche, parce que son décocté tue ces animaux, mais on lui mélange souvent pour cet usage de l'acide arsenieux ou des décoctions de noix vomique.

La pyrèthre dite du Caucase et qui est en réalité originaire de la Dalmatie, n'a pas l'amertume du quassia et du reste il ne serait pas nécessaire de la mélanger à la substance à conserver.

La pyrèthre agit par son huile volatile, et un certain nombre d'autres essences éloignent les insectes et les animaux inférieurs. On pourrait donc les utiliser quand elles ne sont pas vénéneuses et que leur odeur n'a rien de trop désagréable pour nous. Il suffirait d'en placer un sachet dans le flacon à côté du médicament altérable, et on pourrait encore en mettre une petite quantité au fond du vase et interposer un diaphragme poreux.

La poudre de camomille romaine elle-même se conserve très-bien et éloigne les insectes, et cependant elle ne m'a pas paru les détruire comme la poudre des pyrethrum carneum et roseum. J'ai employé la poudre de pyrèthre du Caucase à la destruction des pédiculaires et en particulier de ceux du pubis ; elle à l'avantage de ne pas exposer le malade à des accidents ; il existe de par le monde des gens tellement maladroits qu'on se demande si on leur confiera une préparation de sublimé, et j'ai vu un malade pris d'une salivation mercurielle horrible après des frictions généralisées à l'onguent hydrargyrique double , cet homme étant très-velu et couvert de parasites. J'ajouterai que les pommades répugnent beaucoup à certains malades parce qu'elles tachent le linge, tandis que l'insufflation d'une poudre dans les poils est une opération facile et qui n'est pas malpropre.

La conservation de certains médicaments contraste avec la

facile altérabilité de certains autres, et M. le professeur Gubler a conseillé l'emploi de l'eau distillée d'eucalyptus pour obtenir une parfaite conservation des solutions d'alcaloïdes destinées aux injections sous-cutanées.

Les algues qui végètent dans ces solutions en altèrent les propriétés, et c'est là un fait qu'il était important de signaler. Je crois que des papiers à filtrer altèrent certaines solutions ou eaux distillées. La filtration entraîne souvent des particules organiques venant du papier et qui deviennent une cause d'altération, surtout en été; assurément l'amiante présente de grands avantages à ce point de vue sur les papiers qui ne sont par tous de bonne qualité, tant s'en faut.

L'eau distillée de laurier cerise par exemple peut se conserver longtemps; je n'ai jamais vu d'algues se développer dans les flacons qui la contiennent; on sait, qu'elle dépose avec le temps une matière jaune quand on l'a laissée en vidange, mais on peut la garder très-longtemps limpide, si on a soin de la bien boucher et d'employer des flacons de moyenne capacité. On se rappelle les précautions nécessaires pour séparer l'excès d'huile volatile ; quant à la petite quantité d'acide cyanhydrique qu'elle contient, je laisse à l'appréciation de praticiens plus expérimentés que moi la question de savoir si cet acide peut former avec les alcaloïdes qu'on y dissoudrait des cyanures analogues aux iodures et aux bromures ou bromhydrates, étudiés récemment par M. Latour (V. p. 138).

Certaines eaux distillées prennent, avec le temps, une odeur empyreumatique désagréable, telle est celle de cannelle, par exemple, et je rapprocherai cette odeur de celle que donnent avec le temps des digestions de tolu ou de benjoin.

Les eaux distillées, les alcoolats, comme tous les produits qu'on a préparés par distillation, doivent être des substances contenant des principes actifs volatils, qu'ils soient préformés comme la plupart des essences, ou qu'ils ne se forment qu'en présence de l'eau comme les huiles d'amandes amères, de moutarde, de raifort. Mais il ne faut pas croire que la dessiccation des plantes ne produise qu'une perte de produits volatils et que les extraits ne diffèrent des plantes que par la perte de ces produits. M. Schoonbroodt, dans un travail récent inséré dans le *Journal de médecine*, de Bruxelles, a donné le résultat de ses recherches sur la différence entre les propriétés des plantes fraîches et sèches. En France, les journaux de médecine n'insèrent pas toujours volontiers des articles de pharmacologie; ils considèrent ces études comme peu intéressantes pour les médecins; aussi de semblables résultats restent-ils confinés dans les journaux de pharmacie

On m'a objecté déjà plusieurs fois que des articles traitant un pareil sujet n'intéresseraient pas les lecteurs; et comme les médecins lisent encore moins les journaux de pharmacie que les pharmaciens ne lisent les journaux de médecine, les deux professions ne tendent pas toujours assez à se communiquer des recherches d'un intérêt commun. Le médecin a un certain avantage à savoir s'il doit employer des plantes fraîches ou sèches, ou s'il peut leur substituer des extraits des alcaloïdes ou des alcoolats ou des alcoolatures.

M. Schoonbroodt a montré que les plantes sèches ne représentent pas la totalité des propriétés des plantes fraîches. Cependant des corps utiles peuvent se produire pendant la dessiccation, ainsi que l'atteste la formation de l'acide valérianique. A part la volatisation des principes constituants volatils, il faut tenir compte de l'oxydation de la plupart des constituants fixes (V. p. 58).

Pour la préparation des alcaloïdes, des extraits ou des teintures, on doit préférer les plantes fraîches, et les extraits devront être préparés, autant que possible, à une température peu élevée. Les plantes devront être desséchées le plus rapidement qu'il sera possible, et en faisant usage de températures modérées, à l'ombre et avec l'aide de la ventilation. La compression employée dans l'Amérique du Nord paraît être un excellent moyen de conservation.

Les alcoolatures seraient donc presque toujours préférables d'après M. Schoonbroodt; ce fait est évident pour les plantes dont les principes actifs peuvent être volatils. J'ai insisté ailleurs sur l'influence de l'âge, du lieu de végétation, de la culture. On sait que la lumière peut transformer les alcaloïdes du quinquina.

Les extraits ne peuvent pas non plus remplacer les plantes dans tous les cas, et dans bien des circonstances, où les principes ne sont pas volatils, on n'aura pas non plus dans les extraits toutes les propriétés désirables. Quant aux alcaloïdes, quelques-uns sont mal définis, d'autres sont loin de représenter la plante, puisque les découvertes de la chimie et de la physiologie ont fait voir que des alcaloïdes, ayant des propriétés très-différentes, pouvaient se rencontrer dans la même substance (V. p. 60).

Les alcaloïdes de l'opium en offrent un exemple et les effets de l'opium ou de son extrait seront la résultante des effets produits par les principes actifs qu'ils renferment.

Le ricin qui produit des effets si différents, selon qu'on avale l'émulsion de ses semences ou seulement l'huile extraite de ces semences, nous offre un exemple de cette action différente des médicaments ou des principes qu'on en extrait. Quant aux altérations que subissent les médicaments, elles peuvent souvent être imputées à la faute du pharmacien qui a pu les conserver dans de mauvaises conditions, mais le médecin doit toujours savoir à quelle forme médicamenteuse il donnera la préférence et la possibilité de certaines altérations ou décompositions, pourra elle-même motiver son choix. Un médecin instruit doit se rendre un compte exact de tout ce qui concerne l'art de guérir, de même qu'il doit se demander si le fer passe facilement dans les globules rouges, ou le phosphore dans la substance cérébrale, et quel sel de fer ou quelle préparation de phosphore il doit préférer (V. p. 115).

CHAPITRE V.

DE LA SPÉCIALITÉ ET DU CHOIX DE QUELQUES FORMES MÉDICAMENTEUSES.

Un autre inconvénient dans lequel tombe souvent le medecin, c'est l'emploi de la spécialité. Elle lui offre un moyen commode de faire ses prescriptions et le dispense, pour ainsi dire, d'étudier la chimie, la matière médicale ou la pharmacologie.

Cette manière de faire, est préjudiciable aux intérêts de deux professions, mais nuit surtout aux médecins eux-mèmes. Le malade qui a été soulagé par l'emploi d'une spécialité se passe désormais du médecin, fait lui-même l'éloge du remède, et c'est au préjudice des visites médicales que cette propagande se poursuit. Cependant le médecin pourrait bien formuler un médicament aussi efficace que la spécialité qu'il lui indique.

On en vient même aussi à mettre entre les mains des malades des médicaments qui peuvent leur être nuisibles et qui sont vendus sans qu'on ait besoin d'une nouvelle prescription.

Des substances, dont la vente serait prohibée si elles ne constituaient pas une spécialité, sont vendues facilement sous cette forme avec le nom de l'inventeur ou plutôt du préparateur qui n'a rien inventé. Reste à savoir si le malade a toujours bien ce que le médecin compte lui prescrire dans une spécialité. C'est là un fait très-contestable.

Les formules données par les spécialistes sont souvent loin d'être conformes à la composition réelle du médicament. Les exemples ne me manqueraient pas si je voulais prouver le fait que j'avance. Le sirop d'Aubergier n'est assurément pas préparé selon le procédé que son inventeur avait publié primitivement; de plus il contient de l'opium qu'il n'avait pas avoué tout d'abord, et c'est presque toujours cette substance ou un de ses alcaloïdes qui fait la base de ces sirops ou de ces pâtes dont l'efficacité s'est accréditée. On ignore quelle en est la dose exacte, ce qui serait au moins intéressant pour le médecin. Que de préparations réputées inaltérables sont déjà altérées chez le droguiste qui les conserve longtemps en magasin! S'il ne s'agissait pas de spécialités, le pharmacien pourrait exercer un contrôle utile, mais la spécialité est empaquetée sous cachet, et elle est vendue ainsi, altérée ou non (V. p. 111).

On croit souvent trouver dans la spécialité une garantie qui peut faire défaut, parce que l'appât du gain ne conduit pas moins que beaucoup d'autres le spécialiste à acheter des médicaments de qualité inférieure.

La seule différence, c'est que, le contrôle manquant, la garantie est annulée.

Le coup d'œil est irréprochable, les pilules sont bien argentées et bien rondes; mais que contiennent-elles qu'un médecin ne puisse formuler chez le premier pharmacien venu, pourvu qu'il soit consciencieux; et pourquoi ne le serait-il pas autant que le spécialiste? J'ai acquis la preuve que des spécialistes que je ne puis nommer substituaient aux substances qu'ils annoncent des médicaments d'un prix moins élevé. Mais, me dira-t-on, peut-on, en évitant de formuler des spécialités, se mettre sûrement à l'abri de ces fraudes? Non, assurément, et j'ai déjà dit que malheureusement la perfection était loin d'être atteinte. Sans avoir toujours une intention coupable, des préparateurs emploient des manières de faire déplorables. J'en ai connu qui allaient jusqu'à remplir toujours et quand même les bouteilles, afin d'offrir à leurs clients un médicament d'un aspect plus attrayant, et représentant une valeur plus grande. D'autres rejetaient un excès de masse pilulaire, sous le prétexte que les pilules seraient trop volumineuses, et cela sans motif d'intérêt, puisqu'ils perdaient ainsi la matière active qu'ils avaient introduite un instant auparavant. Mais, si le pharmacien commet de ces fautes, rien qu'en sacrifiant au coup d'œil la perfection des procédés opératoires, pourquoi le spécialiste ne tomberait-il pas dans des défauts analogues?

Certaines substances, ai-je dit, sont trop altérables pour faire l'objet de spécialités : je citerai encore, à l'appui de cette opinion, des emplâtres vésicants, tels que ceux de Leperdriel ou d'Albespeyres, qui manquent si souvent leur effet et qu'il faut donner quand même parce que le médecin s'obstine à les prescrire. Ces toiles restent pendant de semaines et des mois chez le droguiste ou chez le pharmacien qui les débite rarement et ne veut cependant pas les laisser perdre : le résultat est très-souvent nul, tandis qu'un effet plus sûr serait obtenu avec l'emplâtre vésicant anglais. Ce séjour prolongé des spécialités en magasin avant d'être livrées au public, est un grave inconvénient, parce qu'on ne peut les ouvrir pour surveiller leur état de conservation.

D'après les indications fournies par le spécialiste, on croirait toujours avoir entre les mains une panacée. Lorsqu'il vend une préparation connue et insérée au Codex ou quelque médicament analogue, rien ne me garantit qu'il n'y fera pas les mêmes substitutions qu'un pharmacien non spécialiste : rien ne me prouve qu'il ne fera pas un vin au malaga avec un mélange de vin blanc et de vin artificiel ; qu'il n'ajoutera pas de l'axonge à une pommade qui devrait être faite avec la moelle de bœuf ; mais je me garderai bien de préciser trop des faits qui me sont connus, afin d'éviter les questions de personnalités ; je puis affirmer que la garantie offerte par la spécialité n'est pas telle que les médecins se le figurent. Le spécialiste, pas plus qu'un autre, ne se fera faute d'employer des moyens économiques ou plus commodes. Pas plus qu'un autre, il ne se gardera de remplacer du sirop anti-scorbutique fait par distillation par celui qui est préparé à froid. Et quand même, il préparerait avec tout le soin possible son médicament, celui-ci répond-il toujours à l'annonce qu'on en fait, je ne dis pas pour les propriétés, mais pour la composition. L'ergotine de M. Bonjean n'est-elle pas loin de représenter par ses propriétés, ce qu'un nom si prétentieux semble annonce (V. p. 122) ?

Cette terminaison, qui rappelle celle des alcaloïdes, est-elle justifiée par le contenu du flacon. Cette ergotine, si différente du produit résinoïde que Wiggers avait isolé sous le même nom, n'est qu'un extrait d'ergot privé de matières gommeuses par l'alcool ; encore l'ai-je trouvé très-variable dans ces dernières années. Mais sous le nom d'extrait d'ergot, elle n'aurait pas eu le même succès ; les médecins l'auraient moins bien accueillie parce qu'ils pouvaient trouver cet extrait dans toutes les officines. La scillitine et la digitaline elle-même répondent-elles mieux au titre qu'on leur a donné (V. p. 64) ?

A côté de ces substances actives extraites des plantes, il y existe certainement d'autres principes qui sont perdus. M. Guibourt dit avec raison, à propos de la santonine : « Il est seulement fâcheux que, pour obtenir une substance fort chère et d'une efficacité qui n'est pas très-intense, on détruise des masses considérables d'une matière première suffisamment efficace par elle-même, d'une administration facile également et que son bas prix met à la portée du peuple dont les enfants en ont surtout besoin. »

Notre savant maître me demandait un jour quel avantage les médecins auraient à prescrire la résine de scammonée au lieu de scammonée. Je lui disais que j'en avais trouvé de très-belle en apparence soluble dans l'alcool, mais parfaitement inactive, et il me répondait qu'en effet c'était souvent une faute de ne viser qu'à employer les principes actifs extraits des plantes ou des médicaments.

Rien ne garantit que ces nouveaux principes ne seront pas eux-mêmes falsifiés, et lorsqu'ils ne cristallisent pas ou n'ont pas de réactions chimiques bien tranchées, on peut avoir autant de peine à reconnaître leurs falsifications que celles de la substance de laquelle on les a retirés. Ajoutez à cela que bon nombre de pharmaciens ne se donnent pas la peine d'analyser les médicaments qu'ils reçoivent, qu'ils aiment mieux les acheter tout faits que de se donner la peine de les préparer, et que, si l'on continue, leur rôle se réduira à celui d'un débitant de spécialités ou de médicaments achetés.

Le sinapisme qu'on vend en feuilles depuis quelques années ne représente même pas exactement l'effet de la farine de moutarde, il cause des douleurs beaucoup plus vives, et on sait qu'on a dû extraire par expression une huile fixe et douce de cette graine, afin d'obtenir la conservation de la farine. Ici, comme dans une foule de circonstances, ce n'est pas l'inventeur qui a profité de l'invention, car le nom sous lequel ce sinapisme en feuilles est vendu est celui de l'homme qui a fait le plus d'annonces ; le premier préparateur étant resté tout à fait inconnu. La spécialité n'est qu'une affaire de réclames; elle se résume à une question d'argent et d'aplomb. On annonce un médicament, et la crédulité publique fait le succès. Les médecins eux-mêmes n'échappent pas à cette influence de l'annonce.

Je citerai à ce sujet un exemple frappant, celui des prétendues solutions de goudron.

J'avais signalé la possibilité d'utiliser certaines liqueurs qu'on rencontre parfois dans des tonneaux de goudron, et l'étude que je fis de ces liqueurs, l'interprétation que j'essayai à donner de leur formation, me conduisit à chercher à les reproduire artificiellement à l'aide de divers réactifs. J'arrivai ainsi à obtenir une liqueur très-foncée avec le goudron, mais en employant une grande quantité d'alcali ; aussi ma première idée fut-elle de la neutraliser. On sait quel dégoût inspire aux malades cette coloration que prend le vin rouge en présence des alcalis, et j'avoue que je partage complétemen cette répugnance.

Le dégoût est un élément duquel il faut souvent tenir compte pour changer la forme des médicaments. Comme l'eau de goudron est souvent employée pour mouiller le vin rouge aux repas, j'ai pensé qu'il fallait tâcher de détruire cette alcalinité-excessive de la liqueur. Je fus d'abord arrêté par l'idée que les acides précipiteraient probablement les résines retenues en dissolution par l'alcali, ces résines agissant à la façon des acides. En ajoutant trop tôt un grand excès d'acide, on précipiterait en effet une bonne partie de la résine. Mais si l'on ne produit que la neutralité ou une légère acidité de la liqueur, il y a peu de résines précipitées, surtout si l'on attend assez longtemps, ainsi que je l'indiquerai plus loin. Je dirai de suite que l'acide acétique est celui qui remplit le mieux les conditions. J'ai essayé divers acides, mais il faut avoir en vue les propriétés du sel de potasse ou de soude formé, ainsi que sa saveur. L'acide sulfurique donne des sulfates de potasse ou de soude d'une saveur très-désagréable. L'acide chlorhydrique forme du chlorure de potassium ou du sel marin, qui présentent le même inconvénient, sauf l'effet laxatif. J'en dirai presque autant de l'acide azotique. L'azotate de potasse ou l'azotate de soude formé a une saveur trop prononcée.

L'acide acétique ne donne que des acétates de potasse ou de soude, d'une saveur fraîche peu marquée, lorsque la dissolution est convenablement étendue, et cet acide, ajouté à temps, laisse à la liqueur une forte coloration brune, et sa saveur goudronneuse.

Ces acétates n'ont pas de propriétés nuisibles, surtout à si petite dose, et ils s'emploient à l'intérieur avec des précautions bien moins grandes que les carbonates de soude ou de potasse, qu'ils remplacent ici. Soubeiran dit qu'ils ne causent pas d'irritation des reins ni de la vessie, et l'acétate de soude est bien moins actif que celui de potasse.

Le problème de l'acidification, ou plutôt de la neutralisation que je proposerais dans ce cas, comme je l'ai déjà fait il y a plusieurs années, était donc plus complexe qu'il ne semblait l'être au premier abord Je crois ce procédé moins inacceptable que celui qui consiste à donner aux malades une liqueur si fortement alcaline que l'est celle qui résulte de l'action des carbonates de potasse ou de soude sur le goudron.

Derlon.   10

On peut donc obvier à l'inconvénient que présente cette excessive alcalinité des liqueurs, sans donner au liquide une saveur désagréable, et sans trop la décolorer. Mais le produit qui résulte de l'action des alcalis sur le goudron répond-il à tous les besoins de la thérapeutique ? Je ne le pense pas, et c'est ce qui m'a empêché de proposer l'emploi de la solution que j'avais préparée moi-même depuis longtemps, avant qu'il fût question d'aucune spécialité de ce genre.

Peu importe, ce me semble, qu'on ait employé la potasse ou la soude, le carbonate de potasse ou de soude. Je ne vois qu'un fait, c'est l'emploi d'un alcali puissant et l'excessive alcalinité de la liqueur obtenue. Y a-t-il un progrès à se servir de la soude liquide, à 36°, comme M. Adrian l'affirme ? j'en doute fort. On doit éviter, selon moi, de traiter le goudron par les alcalis, ainsi que le dit avec raison M. Jeannel.

Au moins resterait-il à savoir si le produit décoré pompeusement du nom de solution de goudron, solution titrée qui pis est, mérite ce titre trompeur.

Je n'en crois rien, et cependant des médecins en recommandent souvent l'uage. Pour moi, je n'ai vu jusqu'ici, dans ces liqueurs, qu'une sorte de lessivage de goudron, rappelant plus ou moins ce que les peintres obtiennent en lavant de vieux panneaux à l'eau seconde. Cette liqueur de goudron n'est faite qu'avec un produit transformé, qui n'est pas plus du goudron que l'eau de lessive des peintres n'est de la peinture. Je crois donc que l'effet thérapeutique de ces produits désignés sous le nom de solutions, aurait besoin d'être expérimenté avant qu'on pût en justifier l'emploi. Au moins doit-on les réserver pour des cas qui présentent des indications particulières.

Il me reste à parler des émulsions, et j'ai besoin de redire en deux mots quelles sont leurs principales indications, et surtout quelles sont leurs contre-indications.

L'émulsion a pour but de diviser les substances qui seraient absorbées moins facilement, ou qui deviendraient dangereuses sans cet état de division ; de plus, elle dénature les propriétés physiques des médicaments, lorsque ces propriétés les rendraient inacceptables. Ainsi, l'état huileux rend impossible l'administration de l'huile de ricin chez quelques malades, et l'émulsion n'éveille chez eux aucune répugnance, surtout en l'additionnant d'un peu de café noir : on ne compte pas touours assez avec les difficultés pratiques de la thérapeutique. Le jaune d'œuf a été abandonné, parce qu'il donne une émulsion dont la saveur, l'aspect et l'odeur sont moins agréables que lorsqu'on fait usage de gomme.

Il était facile de penser à émulsionner le goudron comme toutes les autres substances, soit avec le jaune d'œuf, soit avec la gomme, en prenant quelques précautions que j'ai déjà indiquées plus haut. L'émulsion à la gomme se conserve plus longtemps que celle préparée avec le jaune d'œuf; cette dernière, malgré tous les soins possibles, se sépare assez rapidement en deux couches.

Quelques médecins demandaient qu'on pût émulsionner le goudron sans alcali, comme le coaltar. Je conclus en rejetant toute idée d'émulsionner une substance pour l'usage interne, lorsqu'elle a une saveur âcre, désagréable. L'émulsion, si utile pour dénaturer l'état huileux, ne fait qu'exagérer la mauvaise saveur de certaines substances, en raison même de l'extrême division qu'elle produit. Elle doit être délaissée comme procédé pharmaceutique avec toute substance, comme le goudron, le copahu, la térébenthine, l'huile de foie de morue, qui acquiert à l'état de division une saveur inacceptable, je dirai même horrible.

Il faut donc restreindre l'emploi de l'émulsion de goudron à l'usage externe; nous revenons ainsi à la préparation du digestif simple, si employé autrefois : il n'y a qu'à remplacer la térébenthine par le goudron.

Récamier émulsionnait la térébenthine avec le jaune d'œuf; on a essayé le même procédé pour l'huile de foie de morue et pour l'huile de foie de raie (Rayer); puis on a remplacé le jaune d'œuf par la gomme, en suivant les indications de M. Soubeiran.

M. Adrian n'a fait que proposer un procédé d'émulsion usité autrefois, mais délaissé maintenant. Les autres moyens que nous possédons aujourd'hui sont bien préférables.

Le goudron ne peut-il pas être employé pour l'usage externe, soit pur, soit mélangé au glycérolé d'amidon, à l'axonge ou au cérat sans eau, ainsi que je l'ai déjà recommandé. On pour-

rait même le mélanger avec de l'huile, ou bien étendre sa teinture avec de l'eau alcoolisée ou non, de manière à faire une
sorte de lait virginal destiné au lavage des plaies : ce mélange
ne se sépare pas aussi facilement qu'on pourrait le croire *à
priori*. Le glycérolé d'amidon et de goudron est très-facile à
préparer ; on le fait aussi épais ou aussi liquide qu'on le veut ;
il peut contenir beaucoup ou peu de goudron, selon que le
médecin le juge à propos. Mais je dirai en passant que les gly-
cérolés en général sont préparés par un procédé peu commode.
J'ai remarqué que le meilleur moyen de les obtenir sans ris-
quer de les brûler, et même sans avoir besoin de les surveiller,
est de chauffer la glycérine jusqu'à un point voisin de l'ébullition ; on la retire alors du feu, et on lui ajoute 4 grammes
d'amidon, délayé préalablement dans quelques grammes d'eau
froide, pour 30 grammes de glycérine.

On a ainsi un glycérolé très-beau, qui prend seul la consistance voulue, sans avoir besoin d'être chauffé de nouveau. L'o-
pération est ainsi très-facile dans une capsule de porcelaine.

L'eau de goudron résultant d'une macération ancienne est
d'une couleur ambrée, et peut souvent suffire au lavage des
plaies ou aux injections.

Quant aux liqueurs préparées avec les alcalis, je crois utile
de les rendre neutres. Si l'on tient absolument à les employer,
peut-être même vaut-il mieux qu'elles soient légèrement
acides qu'alcalines.

Ainsi que le dit M. Adrian lui-même, quoiqu'il ait préconisé
l'emploi de la soude liquide à 36°, on commet la même faute
en voulant neutraliser les résines acides par les alcalis, qu'en
saturant de l'eau de Rabel par ces mêmes alcalis. Pour se
rapprocher le plus possible de l'état primitif du goudron,
mieux vaudrait donc l'acidifier légèrement que de le laisser
alcalin. C'est la meilleure manière de se conformer aux données thérapeutiques indiquées par M. le Dr Gubler.

Si l'on veut absolument continuer à employer les prétendues
solutions de goudron, je propose au moins de les neutraliser
par l'acide acétique, puisque le goudron est normalement
acide. Cependant il peut se rencontrer des cas où l'alcalinité
serait utile, et d'autres où l'acidité présenterait des avantages ;
je veux parler de certaines affections parasitaires de la peau.

Je rappellerai ici l'influence de l'acidité ou de l'alcalinité du milieu sur le développement des cryptogames. Ce sont encore là des faits étudiés par notre savant et excellent maître M. Gubler. Dans le traitement des maladies de la peau, si le goudron agissait alors qu'il était acide, il ne me paraît pas certain que les alcalis lui conservent toute son action.

C'est surtout si l'on veut utiliser, pour l'usage interne, les liqueurs préparées avec les alcalis, que nous croyons essentiel de les rendre neutres, à moins qu'une médication alcaline ne soit indiquée. Mais n'avons-nous pas l'eau de goudron faite avec le goudron bien lavé, pour le débarrasser de la liqueur qui s'y trouve quelquefois mêlée en si grande quantité. Sans ce lavage, on ne serait jamais certain d'avoir un produit toujours identique. Cette eau peut servir à préparer un excellent sirop de goudron, qui est aussi très-sapide, et n'a rien de désagréable, alors même que l'eau était très-concentrée.

Nous recommandons bien le lavage du goudron, dans le but d'obtenir une préparation toujours uniforme. M. Guibourt avait déjà recommandé cette précaution.

M. Lefort, dans son travail, ne me paraît pas avoir attaché une importance suffisante aux diverses espèces de goudron, c'est-à-dire à leurs origines différentes.

Je crois qu'il faut se préoccuper, non-seulement de l'influence de la localité, mais aussi de celle des saisons pendant lesquelles le goudron a été préparé, si l'on veut comprendre la nature des liquides qui lui sont mélangés, et pourquoi il est plus ou moins lisse ou grenu.

Si l'on veut donner le goudron à très-forte dose, il vaut mieux masquer sa saveur âcre que de la développer en le présentant à l'organe du goût à l'état extrême de division, c'est-à-dire sous forme d'émulsion, et ce que je dis ici du goudron je l'applique à toutes les substances âcres.

Je rappellerai que nous avons les bols ou pilules, les opiats, ou même le goudron en nature qu'on entoure de pain azyme. On peut encore mieux en donner la quantité que l'on juge nécessaire en l'administrant dans des capsules à la gélatine, mêlée de sucre, ou mieux à la pâte de jujube convenablement desséchée et durcie, mais bien soluble, préparation dont mon père a donné le premier l'idée il y a plus de trente ans, et qui est fort exploitée aujourd'hui. On se rappelle les plaintes qui avaient été formulées sur le defaut ou la lenteur de solubilité des premières capsules gélatineuses (V. p. 76).

Je dois dire en passant que la forme capsulaire a des inconvénients quand il s'agit de préparations caustiques ou trop irritantes, telles que l'huile de croton ou les solutions phosphorées trop concentrées à cause de l'action locale qui se produit quand la capsule se rompt. La substance irritante aura dû alors être diluée dans l'huile ou un excès de dissolvant, ou être mélangée à du savon ou à de la magnésie qui la divise.

Quant à la teinture de goudron, elle trouble l'eau et le sirop, et, quoiqu'elle puisse leur communiquer des propriétés, je crois que ces produits présentent peu d'avantages pour l'usage interne, à cause de leur aspect laiteux désagréable.

Telles me paraissent être les préparations de goudron les plus utiles ; je les ai étudiées à propos des considérations dans lesquelles j'entrais sur les spécialités, parce qu'elles m'offraient un exemple de la différence qui existe entre la promesse du prospectus et la réalité.

Je me sépare complétement de ceux qui ont écrit jusqu'à ce jour pour ce qui est émulsions ; je crois qu'ici on ne peut pas les employer pour l'usage interne à cause de leur horrible saveur, et que pour l'usage externe elles sont avantageusement remplacées par des préparations connues depuis longtemps.

J'en dis autant des liqueurs obtenues avec les alcalis et le goudron, et je crois qu'elles doivent être rejetées de la thérapeutique ou qu'elles devront au moins être neutralisées, sauf les réserves que j'ai faites plus haut. Elles ne représentent pas exactement le goudron qui a servi à les préparer, car les alcalis laissent toujours précipiter lorsqu'on les fait réagir une certaine quantité de matières résineuses insolubles et très-visqueuses.

Les liqueurs obtenues prennent en quelques heures, au contact de l'air, une coloration brune très-foncée qu'elles n'avaient pas tout d'abord, c'est alors seulement que vous pourrez les neutraliser avec l'acide sans vous exposer à les décolorer trop, par suite de la précipitation inévitable d'une certaine quantité des résines dissoutes à l'aide de l'alcali.

Mais l'acidification, c'est-à-dire la neutralisation, si elle peut avoir quelques avantages, ne rendra jamais aux liqueurs des principes qu'elles ne contiennent pas, parce que les alcalis n'ont pas permis leur dissolution, et de plus, il faudrait bien se garder de juger de la concentration des liqueurs d'après leur coloration.

J'ajouterai en terminant que M. Robinet a parlé à l'Académie des inconvénients qu'offrent les préparations alcalines de goudron ; il a dit avec raison que leur moindre défaut est de ne renfermer que du goudron extrêmement décomposé. Il a proposé, au nom de M. Magnet Lahens, de Toulouse, un procédé de division qui peut avoir des avantages.

Le charbon peut servir à diviser le goudron, et je crois que cette manière de faire, employée pour le goudron, peut être appliquée à un certain nombre d'oléo-résines ou de corps gras, tels que le copahu, la térébenthine, ou même l'huile de foie de morue, qui pourraient ainsi être administrés aux malades à l'état de poudre dans du pain azyme.

Pour ce qui est de l'huile de foie de morue, je rappellerai en passant que mon père a proposé d'utiliser les acides libres qu'elle renferme pour obtenir la dissolution de certains alcaloïdes, et en particulier de la quinine et surtout de la quinine brute. Une note sur ce sujet a été adressée par lui à l'Académie dès 1827.

M. Vézu a, de la même façon, dissous le protoxyde de fer dans cette huile, et M. Jeannel a donné une formule de cette préparation ; mais elle rancit très-vite, ce que je crois devoir attribuer à ce que le protoxyde de fer tend à se peroxyder et appelle ainsi sur l'huile une tendance à l'oxydation qui produit forcément la rancidité.

J'ai dit tout à l'heure, à propos des capsules, qu'il fallait penser à l'action locale des médicaments introduits dans les voies digestives. Il faut suivre cette action jusqu'au moment de l'absorption. Des substances peuvent irriter le pharynx lorsqu'on les administre sous un trop petit volume ou qu'on ne fait pas suivre leur emploi de l'ingestion d'une petite quantité d'eau ou d'un liquide adoucissant et mucilagineux. L'eau-de-vie allemande, les potions trop concentrées à l'ammoniaque ou au tartre stibié, les émulsions mal faites à l'huile de croton, sont dans ce cas.

J'ai remarqué que l'hydrate de chloral provoque une sècheresse très-désagréable du pharynx lorsqu'il est administré dans une trop petite quantité de liquide. Il faut donc diluer suffisamment certains médicaments. Le but de ces dilutions sera aussi d'éviter des erreurs qui pourraient résulter de l'emploi de solutions trop concentrées. Aussi vaut-il mieux ordonner aux malades des potions à prendre par cuillerées que des solutions à employer par gouttes.

J'ai insisté longuement sur l'importance que prend la spécialité à cause de la large place que les médecins lui font occuper dans la thérapeutique. La part qu'on lui donne va tous les jours s'agrandissant, et malheureusement il n'y a pas que les médicaments spéciaux, à proprement parler, et vendus comme tels sous cachet de l'inventeur, qui se spécialisent aujourd'hui.

Tout devient spécialité parce que le pharmacien prépare de moins en moins par lui-même ; de telle sorte que des pharmaciens font la spécialité des pastilles, d'autres font celle d'une autre préparation officinale, et l'officine n'est plus qu'un débit de substances achetées. Les extraits eux-mêmes, les teintures, les alcoolatures, et même les sirops les plus faciles à préparer, le laudanum, etc., sont ainsi achetés tout faits parfois chez un droguiste qui n'est même pas toujours reçu pharmacien et qui gère avec un prête-nom. Où sont les garanties pour le malade et pour le médecin ?

C'est ainsi que j'ai vu des extraits achetés par le pharmacien, presque dépourvus de propriétés ; un extrait de belladone qui avait servi à faire une pommade était tellement plein de graviers et de corps durs qu'il servit à faire une pommade destinée à enduire une sonde et déchira la muqueuse uréthrale.

J'ai vu ainsi du laudanum sans propriétés, des extraits brûlés et sans action. Des substances qui se conservent assez mal sont achetées en droguerie, et déjà altérées elles servent à préparer d'autres médicaments dont la qualité ne vaut pas mieux que celle des matières premières employées à leur préparation. Sans avoir subi d'altération due au temps, d'autres médicaments n'ont pas été préparés avec tout le soin possible, et je citerai par exemple encore la poudre de charbon.

Celle vendue sous le cachet du Dr Belloc lui-même est souvent très-alcaline, ainsi que je m'en suis assuré à plusieurs reprises, de telle sorte qu'on fait subir au malade un traitement alcalin ou anti-acide, sans s'en douter, en lui donnant cette poudre. La présence du carbonate de potasse dans le charbon pulvérisé tient à un lavage insuffisant ; il m'a paru évident, lorsque j'ai recherché la cause de cette alcalinité, qu'elle était due à la transformation des sels à acides organiques en carbonates. La chaleur due à la combustion décompose les tartrates, malates, formiates, acétates. alcalins, et les transforme en carbonates qu'on retrouve dans les cendres.

Dans la préparation du charbon, la chaleur a suffi pour transformer ainsi au moins une partie des acides organiques ; c'est ce que j'ai pu constater.

Si cette poudre de charbon sert à préparer des pastilles, celles-ci sont de même alcalines ; la déliquescence du sel attire l'humidité sur les pastilles et les fait moisir, de même qu'elle fait masser la poudre dans les flacons : c'est un fait que j'ai souvent remarqué. L'effervescence produite en présence des acides est facile à produire, et l'alcalinité de l'eau de lavage du charbon est au moins aussi facile à constater, ainsi que je l'ai fait plus d'une fois.

Enfin j'ai dit que les préparations pharmaceutiques tombaient presque toutes dans le domaine de la spécialité, parce qu'on les abandonnait à des droguistes qui fournissent les pharmaciens. Les extraits, les tablettes ou pastilles sont surtout dans ce cas, et certaines officines en viennent à ne rien préparer. Si les pastilles de charbon absorbent l'humidité avec le temps, celles de soufre, par exemple, sont souvent dans le même cas pour une cause inverse.

L'habitude que prend le pharmacien de ne pas préparer lui-même, selon les besoins de sa vente, fait que les médicaments risquent de séjourner longtemps en magasin chez le droguiste et de s'y altérer. Des tablettes de soufre prennent l'humidité parce qu'elles sont préparées avec du soufre mal lavé ; c'est au moins ce qui semble ressortir de mes expériences. Il est assez difficile de priver absolument le soufre des acides sulfureux et sulfurique qu'il renferme ; on n'a qu'à essayer les eaux de lavage, et on verra qu'elles rougissent le tournesol et précipitent le chlorure de baryum, même après deux ou trois lavages dans quelques cas. Or l'acide sulfurique attire l'humidité , ce qu'atteste cette rigole d'eau acidulée qu'on trouve toujours autour des goulots contenant cet acide. De plus, l'acide agit sur le sucre des pastilles, l'intervertit et le transforme en un sucre qui prend facilement l'humidité.

Ces altérations ne sont pas assez prévues ; j'en dirai autant de cette acidification spontanée du sucre dans les pastilles de kermès ou dans celles qui contiennent du fer réduit mélangé de sulfure, ainsi que je l'ai expliqué plus haut, altération de laquelle résulte le dégagement fétide de l'acide sulfhydrique (V. p. 116). Il n'est pas besoin d'un papier imbibé de sous-acétate de plomb pour constater ici la présence de l'hydrogène sulfuré, l'odeur de ces pastilles suffit à cette constatation. Il est utile que le médecin connaisse assez de chimie pour expliquer ces faits, de même qu'il doit savoir pourquoi une soude d'argent noircit pendant le cathétérisme. Le malade peut lui adresser des plaintes sur tel ou tel médicament, et il faut qu'il puisse interpréter les faits qu'il a sous les yeux.

CHAPITRE VI.

DES CLASSIFICATIONS ET DE L'ÉTUDE DES POINTS SUR LESQUELS DOIT PORTER LE TRAITEMENT.

Les faits que j'ai cités plus haut montrent suffisamment les difficultés de toute espèce qui se présentent dans l'emploi de certains médicaments, lorsqu'on veut se placer dans toutes les conditions d'efficacité et interpréter convenablement leur action.

On a besoin d'appeler à son aide les sciences qu'ou a trop souvent traitées d'accessoires. On a vu que ce n'est pas seulement à la physiologie qu'il faut demander ses lumières, bien que cette branche de la médecine ait une importance de premier ordre.

La chimie, la pharmacologie doivent rendre aussi de grands services. Une théorie qui ne reposerait que sur une des sciences isolément risquerait souvent de nous induire en erreur et de nous conduire à un faux traitement, et c'est pour avoir été exclusives et n'avoir tenu compte que de considérations partielles basées sur telle science à l'exclusion de telle autre, que des théories ont pu pécher par la base.

Assurément on est bien obligé d'accepter momentanément des explications que le progrès scientifique pourra renverser plus tard, mais il ne faut pas se hâter d'en tirer des traitements nouveaux qui jettent le jeune praticien dans un embarras et une perplexité indicibles. On n'a donc pas trop de toutes les sciences et de toutes les lumières pour éclairer les faits et les raisonnements, et les expériences doivent être interprétées avec une grande réserve ; elles doivent être instituées sans parti pris et jugées avec toute l'impartialité possible, en s'aidant de tous nos moyens d'investigation.

J'ai montré l'influence fâcheuse des systèmes et des doctrines sur la thérapeutique, et, sans méconnaître les immenses services que rend la physiologie, j'ai dit qu'elle exposait à de nombreuses erreurs comme les autres sciences.

Les progrès incontestables de la physiologie ont conduit les médecins, depuis quelques années, à faire peut-être un peu trop bon marché des autres sciences, et, dans certaines classifications, on voit la tendance marquée de quelques cliniciens à l'ériger en méthode exclusive. Assurément rien n'est difficile comme une bonne classification, et ce n'est pas moi qui entreprendrai une tâche que de plus savants n'ont pu remplir avec un succès complet.

On voit quelles difficultés les botanistes ont rencontrées dans leurs classifications, selon les parties de la plante qu'ils ont prises pour point de départ de leurs grandes divisions. Les mêmes difficultés se présentent dans la classification des médicaments ; les pharmaciens les divisent à leur point de vue, les médecins les classent à leur manière.

Une bonne classification est toujours difficile dans les sciences : mais la médecine, et en particulier la thérapeutique, étant pour ainsi dire la résultante de toutes les sciences appliquées à l'étude de l'homme et de ses maladies, une classification ne peut pas être exclusive. Elle doit tenir compte de toutes nos connaissances, comme de toutes les propriétés des substances employées comme médicaments. La chimie peut réclamer certains priviléges dans la classification des médicaments, mais assurément la physiologie doit avoir la part la plus importante.

Ceci étant admis, la physiologie ne nous offre-t-elle pas aussi de grandes difficultés, lorsque nous voulons lui emprunter une classification thérapeutique?

Je ne rappellerai pas que la médecine légale nous donne une classification physiologique qui ne ressemble en rien à celle d'autres physiologistes également éminents. Je ne comparerai pas les classes établies par M. le professeur Tardieu à celles créées par M. Sée. Mais des médicaments hyposthénisants de la première classification répondent aux médicaments cardiaques de la seconde. Et encore, parmi ces médicaments cardiaques, est-on certain que quelques-uns ne pourraient pas être aussi bien rangés dans la classe de ceux qui agissent sur les nerfs vaso-moteurs?

La digitale, par exemple, agit-elle primitivement sur les nerfs cardiaques ou plutôt sur les nerfs vaso-moteurs et particulièrement sur les filets moteurs des capillaires? Ce médicament, considéré longtemps comme un hyposthénisant du cœur, est plutôt un tonique du cœur.

On comprend par là comment la physiologie, étant acceptée comme principale base de classification, un médicament peut être placé dans une classe ou dans une autre, selon l'idée qu'on se fait de son action physiologique.

M. le D' Lelion a bien montré dans sa thèse les difficultés qui résultent de ces différentes interprétations pour le choix de la digitale dans le traitement des différentes lésions d'orifices

Quant aux classifications chimiques ou botaniques, j'en fais le sacrifice d'une façon absolue, puisque des plantes appartenant à des familles voisines ou à la même famille, des principes extraits de la même plante et des substances que la chimie rapproche peuvent avoir des propriétés très-différentes.

Au contraire, des plantes très-éloignées par leurs caractères botaniques ou des produits chimiques très-éloignés l'un de l'autre dans les traités spéciaux, peuvent avoir des propriétés ou des effets thérapeutiques analogues.

L'action d'un médicament peut être en quelque sorte élective sur un organe ou sur un système, sans être pour cela uniquement bornée à cet organe ou à ce système. Une action physiologique peut être complexe, et c'est ainsi que les poisons vasculaires peuvent agir secondairement sur le cœur et sur les centres nerveux.

On comprend combien sont grandes les difficultés des classifications, aussi a-t-on été obligé jusqu'ici d'emprunter à diverses sciences pour classer les médicaments d'après leurs propriétés physiologiques, physiques ou chimiques. Encore faut-il distinguer les actions primitives des actions secondaires, ce qui n'est pas toujours facile, de même qu'il ne faut pas confondre les effets obtenus à dose thérapeutique ou à dose toxique, effets qui peuvent varier selon les individus ou les conditions nouvelles créées par la maladie ou l'habitude.

J'ai un peu trop négligé les applications des sciences physiques à la thérapeutique; l'étude de la corrélation des forces aurait pu nous donner quelques éléments utiles (V. p. 83 et 147). J'aurais dû dire quelques mots de l'analyse spectrale appliquée à l'étude de certaines substances.

Quant à l'endosmose et à l'exosmose, il ne faut pas oublier qu'elles se produisent sur un être vivant, et que la circulation enlève au fur et à mesure les produits qui ont subi l'action diosmotique. Il faut aussi pour l'absorption tenir compte des différences de pression exercée sur les surfaces.

J'aurais dû traiter des influences atmosphériques ou météorologiques sur certaines maladies et de l'importance qu'on peut attribuer à la température, aux pressions barométriques, à l'état électrique de l'air et à l'influence des vents. J'aurais pu enfin étudier les difficultés qui résultent de l'examen des températures, à cause des différences que présentent les résultats fournis par divers instruments.

L'action des médicaments étant supposée parfaitement connue, il reste à savoir, en présence d'un état morbide plus ou moins caractérisé, vers quel but tendra la médication ou le traitement. Se préoccupera-t-on surtout des lésions, des symptômes, de la cause? Je suppose la maladie parfaitement établie, le diagnostic simple et différentiel bien discuté, quel est l'élément qu'on cherchera surtout à combattre.

L'anatomie pathologique a certainement une grande importance au point de vue du traitement, et c'est surtout dans le domaine de la pathologie externe que l'étude des lésions doit diriger le choix des médicaments. Dans la pathologie externe elle-même, on a souvent besoin cependant de s'occuper de l'état général. Pour les maladies qui rentrent dans la pathologie interne, il faut tout d'abord tenir compte de la division en locales et générales. Mais il est facile de comprendre combien les lésions internes sont difficiles à atteindre.

Il faut souvent les accepter comme des faits accomplis, en se bornant à faire des efforts pour les limiter ou empêcher leur extension. Certaines lésions internes sont accessibles à nos moyens thérapeutiques, mais un grand nombre d'autres sont tellement profondes, qu'il est impossible de les modifier. Il n'en faut pas moins tenir compte de la lésion, mais sans s'exagérer l'efficacité des moyens qui sont à notre disposition pour la combattre. Non-seulement la maladie n'est pas toujours expliquée par les lésions, mais celles-ci peuvent n'être souvent que consécutives. Les maladies sont loin d'être en rapport avec les lésions dans une foule de cas où l'anatomie pathologique semble devoir donner la mesure du mal. On est souvent frappé de ce fait que, dans la pneumonie franche qui paraît être *à priori* le type des maladies locales et des inflammations, l'état local ne donne pas toujours la mesure de l'intensité de la maladie. L'état du pouls et de la température doivent être considérés dans l'appréciation du pronostic, comme plus importants que les signes stéthoscopiques, surtout pendant la période de résolution. Et cependant le médecin doit toujours avoir devant les yeux la lésion, sa nature, son étendue, lorsqu'il formule un traitement. Si, dans un certain nombre de cas, la lésion est accessible à nos moyens de traitement, dans beaucoup d'autres, nous sommes forcés de convenir de notre impuissance.

Quant aux symptômes, la thérapeutique qui ne s'attache qu'à les combattre un à un, est déplorable.

Assurément dans une entérite ordinaire on combattra l'état

inflammatoire de l'intestin ou la diarrhée par des moyens appropriés, mais la médecine des symptômes, qui ne cherche pas une vue d'ensemble, donnera des résultats malheureux. Le diagnostic doit éclairer le traitement; que dire du médecin qui chercherait à arrêter la diarrhée dans une fièvre typhoïde comme dans une entérite simple? On sait même que certaines diarrhées qui ne sont pas liées à un état général grave, ne sont bien arrêtées qu'à l'aide de certains purgatifs salins.

D'autre part, combattra-t-on avec des purgatifs énergiques ces constipations rebelles qu'on voit si souvent chez les femmes chloro-anémiques, et risquera-t-on ainsi de les débiliter encore plus? J'ai cependant vu, il y a peu de temps encore un médecin qui poursuivait à force d'emménagogues et de purgatifs une aménorrhée accompagnée de constipation qui n'était due qu'à un état de chlorose et d'anémie des plus évidents. Les ferrugineux, les toniques, les amers, et, avant tout médicament, l'air, les promenades au soleil, la distraction, la bonne nourriture, l'usage des viandes rôties, rétablirent cette constitution et permirent à la nature de faire les frais d'une menstruation régulière. Les exemples seraient trop nombreux pour démontrer l'inefficacité de la médecine des symptômes. Il faut certainement étudier les symptômes d'une maladie, pour les combattre dans bon nombre de cas, mais la thérapeutique ne peut pas se contenter de les attaquer successivement.

On sait combien le traitement de certains accidents larvés nécessite la connaissance exacte de la cause première et de l'influence sous laquelle ils évoluent. Aussi a-t-on affirmé, dans ces derniers temps, que la thérapeutique ne devait se faire que d'après la connaissance exacte de la cause physiologique des maladies et des symptômes, et avec la seule notion de l'action physiologique des médicaments.

C'est là assurément un des points les plus importants à établir avant d'instituer un traitement. Mais la connaissance exacte des causes premières et de leur enchaînement n'est pas toujours si facile, et de plus il ne faut pas perdre de vue le coup d'œil d'ensemble, les lésions et même certaines complications qui semblent accessoires tout d'abord, mais peuvent avec le temps prendre une importance de premier ordre. Les traitements antérieurs doivent eux-mêmes entrer en compte, et j'ai vu plus d'une fois des maladies céder très-bien à l'expectation, alors qu'un traitement irritant les avait exaspérées.

Il est certain que des symptômes analogues tiennent parfois à des lésions et à des causes physiologiques inverses et qu'au contraire un même état physiologique peut produire des symptômes très-différents. L'ischémie et la congestion cérébrale nous offrent un exemple frappant de deux états bien divers donnant des symptômes qui présentent une analogie étonnante dans quelques cas. Loin de moi l'idée de contester l'importance de l'étude des causes physiologiques des symptômes et de l'étude physiologique des médicaments ; mais il faut s'occuper en thérapeutique des causes des lésions et des symptômes, et, selon les cas, combattre tel ou tel élément de la maladie ou de ses manifestations. La connaissance exacte des conditions physiologiques dans lesquelles un symptôme se présente est essentielle, mais il n'en faut pas moins combattre quelquefois des éléments accessoires. De plus, la notion de l'action physiologique des médicaments, malgré sa très-grande importance, n'en est pas moins insuffisante ; il est des remèdes qui agissent en vertu de propriétés physiques ou chimiques particulières.

Enfin, l'expectation est parfois utile : peut-être a-t-on trop vanté ses succès dans quelques cas en augmentant le nombre des maladies à marche cyclique et exagérant l'importance d'une sorte de fatalité, si j'ose m'exprimer ainsi, dans l'évolution de quelques maladies. Assurément il faut admettre dans les fièvres éruptives, par exemple, une évolution presque fatale qui ne peut et ne doit pas être entravée. Mais le médecin doit être attentif à surveiller cette évolution et à favoriser l'apparition de symptômes utiles lorsqu'ils tardent à se manifester. Il faut éviter tout parti pris en thérapeutique, tout système et toute doctrine qui puisse préjuger les faits, et ne pas réduire la médecine en chiffres, sous prétexte de la simplifier. Si les théories nouvelles semblent parfois aplanir les difficultés en donnant des noms à des substances mal définies et à des principes encore mal étudiés, il faut se méfier de cette tendance germanique qui apporte dans l'interprétation des faits une simplification plus apparente que réelle. Il suffirait bientôt de dire que la sepsine produit la septicémie, comme la phlegsine engendre les fièvres et l'urée l'urémie, et, loin de progresser ainsi, par suite de cette réduction des maladies à leur plus simple expression, la thérapeutique ne ferait que reculer. De là à chercher un réactif qui aille détruire dans le sang ces causes de la maladie, il n'y a plus qu'un pas à faire, et ce prétendu progrès a déjà été tenté sans qu'on se soit occupé des autres substances qu'on peut altérer dans le sang. On a donné un nom à un prétendu principe morbifique qu'on charge de toute la responsabilité des accidents, et il ne reste plus qu'à dire avec M. le professeur Chauffard : « Suffit-il donc d'avoir donné un nom pour démontrer la réalité de la chose? »

TABLE DES MATIÈRES

CHAPITRE I. — Historique et ~~notions~~ préliminaires.   5

CHAP. II. — Des théories physiologiques ou chimiques et de la méthode expérimentale.   15

Des théories allemandes et de l'accueil qu'elles reçoivent en France.   28

De l'emploi de l'acide phénique et de quelques médi-
ments sous l'influence de la mode.   33

CHAP. III. — De la statistique.   38

Du choléra et de son traitement.   43

CHAP. IV. — De la chimie et de la pharmacologie appliquées à la
thérapeutique , et des causes d'erreur qui résultent
de la connaissance incomplète des sciences dites
accessoires.   50

Des succès immérités ou prématurément attribués à
quelques substances.   51

De la qualité des médicaments, jugée d'après leur
aspect et leur analyse, et de leur étude au point de
vue commercial.   54

Des principes volatils de quelques plantes.   58

Des alcaloïdes cristallisés ou amorphes, aconitine, digitaline, et de l'emploi du microscope.   61

Des sacrifices faits au coup d'œil ou à l'économie en
pharmacie.   64

Des associations de certains médicaments dans les formules, et de la filtration.   66

Du perchlorure de fer, de ses dangers et de quelques
préparations cyanhydriques.   68

Des solutions de sulfate de quinine.   71

Des compte-gouttes, des variations qui résultent du
dosage par gouttes, et de la seringue Pravaz. . .   73

Des pilules trop anciennes et de quelques modifications
qui se produisent dans les masses pilulaires. . .   76

De l'action des matières organiques et de l'albumine
sur les sels de mercure ou de cuivre dans les empoisonnements, et de l'emploi simultané des sels de
mercure et des iodiures, bromures et chlorures
alcalins.   80

De l'action des divers rayons du spectre sur les médicaments, et du choix des flacons et des bouchons. .   83

De l'action des matières organiques, albuminoïdes ou
sucrées, sur les oxydes métalliques au point de vue
des empoisonnements et de l'efficacité des médicaments.   84

Quelques faits intéressants sur l'examen des urines et
sur la liqueur cupro-potassique.   87

Du violet d'albumine obtenu avec la liqueur cupro-
potassique et des causes qui empêchent sa formation.   93

Comment la manière de préparer ou d'employer les
médicaments fait varier leur composition ou leur
action. — De la pommade mercurielle double et de
l'absorption cutanée.   97

De l'antagonisme, des incompatibilités physiologiques
médicaments et de quelques traitements très-différents, et parfois inverses, proposés pour les mêmes
maladies. 100

De quelques faits chimiques dont la connaissance peut
être utile à la pharmacologie et à la thérapeutique
(de l'iodure de potassium, de la glycérine, des décoctions, de la magnésie, dans l'empoisonnement arsenical, de l'oxyde de fer, du fer réduit, de la teinture
de Besuchef et de quelques préparations iodées). . 103

Comment certaines substances empêchent les réactions chimiques de se produire, tandis que d'autres les favorisent, et quelques exemples d'incompatibilités et de l'importance de la manière de préparer. . . 118

De la manière de formuler ; suite des exemples de réactions imprévues et de formules mal conçues : quelques inconvénients de la filtration. 124

Des médicaments dits fondants, de leur action locale et de leur absorption. 128

Du traitement de certains ulcères. 130

Difficultés que présente l'application de la chimie à la thérapeutique ; note sur quelques eaux minérales. . 132

De l'emploi de la teinture d'iode, de son action et de la transformation partielle que subit l'alcaloïde. . . 134

Du traitement des brûlures. 136

Des caustiques, de leur différence d'action et de l'altérabilité de l'acide prussique. 137

De la coloration des dents par certains médicaments . 138

Des altérations de quelques médicaments. 140

Des préparations phosphorées, de leur choix et de la division de certaines substances : gommes-résines, oléo-résinés, essences. 141

De la conservation de certaines substances altérables et de la destruction d'animaux parasitaires. . . . 143

Du choix des plantes fraîches ou sèches, des eaux distillées, des teintures, des alcoolatures, des extraits et des alcaloïdes. 146

CHAP. V. — De la spécialité et du choix. 148

De quelques formes médicamenteuses. 148

Du sirop de lactucarium. 149

Des spécialités emplastiques. 150

De l'ergotine et de prétendus alcaloïdes. 151

Des sinapismes en feuilles. 152

Des liqueurs dites à tort solutions de goudron. . . . 152

Des indications des émulsions. 154

Des glycerolés d'amidon. 156

Des capsules médicamenteuses, de leurs avantages et de leurs inconvénients. 157

De la division des oléo-résines : de l'huile de foie de morue et de l'action locale de quelques médicaments ingérés dans l'estomac. 159

Des médicaments achetés tout préparés par des spécialistes ou des droguistes; de la poudre de charbon, des pastilles de charbon, de soufre, de kermès. . . . 160

Chap. VI. — Des classifications et de l'étude des points sur lesquels doit porter le traitement. 162

De l'utilité des sciences physiques et chimiques, aussi bien que de la physiologie proprement dite : des lésions, des symptômes, des causes de la maladie envisagés au point de vue du traitement. . . 165

A. Parent, imprimeur de la Faculté de Médecine, rue Mr-le-Prince, 31.